信息技术二类　对口职教师资与对口招生考试

基于电子产品内含技术导向的中等职业学校电子技术应用专业项目化课程体系

JIYU DIANZI CHANPIN NEIHAN JISHU DAOXIANG DE
ZHONGDENG ZHIYE XUEXIAO DIANZI JISHU YINGYONG ZHUANYE
XIANGMUHUA KECHENG TIXI

黄洪刚／编著

电子科技大学出版社
University of Electronic Science and Technology of China Press
·成都·

图书在版编目（CIP）数据

基于电子产品内含技术导向的中等职业学校电子技术应用专业项目化课程体系 / 黄洪刚编著. —成都：电子科技大学出版社，2021.7

ISBN 978–7–5647–9020–2

Ⅰ. ①基… Ⅱ. ①黄… Ⅲ. ①电子技术－课程体系－教学研究－中等专业学校 Ⅳ. ①TN-41

中国版本图书馆 CIP 数据核字（2021）第 135452 号

基于电子产品内含技术导向的中等职业学校电子技术应用专业项目化课程体系

黄洪刚　编著

策划编辑　谢晓辉　兰　凯
责任编辑　魏　彬

出版发行　电子科技大学出版社
　　　　　成都市一环路东一段 159 号电子信息产业大厦九楼　　邮编　610051
主　　页　www.uestcp.com.cn
服务电话　028-83203399
邮购电话　028-83201495

印　　刷　四川煤田地质制图印刷厂
成品尺寸　185 mm×260 mm
印　　张　9.75
字　　数　310 千字
版　　次　2021 年 7 月第 1 版
印　　次　2021 年 7 月第 1 次印刷
书　　号　ISBN 978-7-5647-9020-2
定　　价　32.00 元

编　委　会

序　言

《国家职业教育改革实施方案》（国发〔2019〕4号）提出，职业院校依据标准自主制订人才培养方案；《职业教育提质培优行动计划（2020—2023年）》（教职成〔2020〕7号）提出，强化中职教育的基础性作用，构建国家、省、校三级专业教学标准体系，国家面向产业急需领域和量大面广的专业，修（制）订国家标准；各地根据经济社会发展需要和有关技术规范，补充制定区域性标准；职业学校全面落实国标和省标，开发具有校本特色的更高标准，实践教育是职业教育区别于其他类型教育的显著特征，加强实践性教学，实践性教学学时原则上占总学时数 50%以上。在国家宏观指导下，本书阐述了怎样改革中等职业学校电子技术应用专业课程体系。

本书通过把原有专业课程体系"电子技术基础""电工技术基础""电子技能""电工技能"分解成更小的知识、技能点，按照专业设置与产业需求对接、课程内容与职业标准对接、教学过程与生产过程对接的要求，重新以企业工作岗位为导向，删除应用极少的知识、技能点，加入新技术、新工艺、新规范，借鉴德国项目建设模式，融入工匠精神、劳动精神培育途径，融合课程思政要素，重组知识、技能点和素养，形成一个个新项目，构建现代电子技术应用专业项目体系。其中有以下几个创新点：

（1）给出了项目构成原理。即"单基础—单元—综合"的三段式项目，项目之间经由电子产品构成原理进行项目串联和组合，例如"传感+放大+计数+显示"可构成具有某种实用功能的产品，同时也构成一个综合性项目。

（2）用项目规划书代替课程标准。由于整合多学科，分解了知识技能点，再打乱重组，严格意义来讲，本课程体系已经没有课程的约束，有的只是项目，完全由项目构成课程体系，项目规划书既有知识技能点，还有统一的项目结构和思政要素，客观反映该项目可以锻炼的能力和品格。

（3）项目设计大大加强了实践设计，每一个项目都设计了实践和运用任务，技能训练与理论完全融合，理实一体，相辅相成，可适用于教学也可用于培训。

限于本人编写能力，书中难免有不妥之处，敬请各位读者斧正。

黄洪刚

2021年10月

目　录

第 1 章　电子技术应用专业发展调研报告

1.1　调 研 目 的

本次调研是为成都电子信息学校电子技术应用技术专业建设及课程开发提供第一手数据资料，调研的目的是：

（1）通过对毕业生就业岗位及分布的调研，了解本专业服务的岗位群。就业岗位升迁经历及升迁年限的调研，了解毕业生的晋升岗位，就业态势。

（2）通过对毕业生升学院校专业的调研分析，了解毕业生升学比重，升学后可能就读的专业走向，给学生高中学习内容的选择提供依据。

（3）通过对产业链的知识、技能分析，了解从事本专业链的人内含的核心能力，以为确定人才核心能力培养提供依据，了解专业学习范围，新知识、技术和技能。

（4）综合分析企业人才需求和高校生源素质需求的调研，确定专业的人才培养规格及人才培养目标

1.2　企 业 调 研

1.2.1　调研企业及对象

2019 年，因省示范修改人才培养方案的需要，在学校长期合作就业的电子信息类企业中分别选取 5 家代表企业进行调研，如图 1.1 所示，各企业调研详细情况如表 1.1 所示。

表 1.1　企业调研信息表

调研企业	公司主营业务	企业性质	调研对象	调研手段
四川华体照明科技股份有限公司	路灯照明	（上市公司）	1．企业人力资源部部长 2．企业科室主任、生产厂长 3．企业各小组负责人 4．在企业就业的我校毕业生	1．召开座谈会 2．填写表格：《企业调研表》 3．电话问询
川开电气有限公司	高中低压配电柜	民营企业（上市公司）		
四川华鹏电源有限公司	安防电源	民营企业		
成都吉安泰电子有限公司	电路板代工	合资企业		
成都中电熊猫显示科技有限公司	显示屏	国有控股企业（上市公司）		

（a）四川华体照明科技股份公司

（b）川开电气有限公司

（c）四川华鹏电源有限公司

（d）成都吉安泰电子有限公司

图 1.1　本专业教师在 5 家代表企业进行调研

（e）成都中电熊猫显示科技有限公司

图 1.1 （续）

1.2.2 调研现状分析

根据 2018 年 10 月 30 日成都市第十七届人民代表大会常务委员会第五次会议通过的《成都市国民经济和社会发展第十三个五年规划纲要（修编稿）》内容，到 2020 年，电子信息企业营收突破 10 000 亿元，营收亿元以上企业增至 750 家，全力打造全球电子信息先进制造基地和世界软件名城；装备制造企业营收突破 8000 亿元，营收亿元以上企业增至 450 家，全力打造国家级航空高技术产业基地、绿色智能汽车制造示范区和轨道交通产业高地。由此可见，成都市电子信息产业朝气蓬勃，前途光明。

通过调研，我校本专业学生在企业就业与发展的现状如表 1.2 所示，其他学校未做深入调研，但询问后知道，情况大致差不多。

1．四川华体照明科技股份有限公司

该公司近三年共招录本校本专业学生 21 人，占其近三年招录一线员工总数的 18%，其中转岗 4 人，升职 0 人，离职 17 人。

（1）入职岗位：

灯架装配工、LED 光源装配员、接线员、库管。

（2）职业发展方向：

灯架安装线组长、LED 光源安装线组长、研发部助理、售前/售后支持技术员。

（3）知识技能要求：

电子元件识别与测试、识图、装配、焊接、制作连接线。

（4）证书需求：

取得毕业证书可转正式职工，其他证书无要求。

（5）素质要求：

能坚持留下来，吃苦耐劳，肯钻研。

2．川开电气有限公司

该公司近三年共招录本校本专业学生 18 人，占其近三年招录一线员工总数的 7%，其中转岗 2 人，升职 0 人，离职 14 人。

（1）入职岗位：

高（低）压配电柜装配工、高（低）压配电柜测试员、制线员、库管。

（2）职业发展方向：

高（低）压配电柜装配线组长、研发部助理、售前/售后支持技术员。

（3）知识技能要求：

电气元件识别与测试、识读电气装配图、装配、制作连接线。

（4）证书需求：

取得毕业证书可转正式职工，考取相应专业技能证书后月薪涨 200 元。

（5）素质要求：

能持之以恒，吃苦耐劳，能克服枯燥无味，日复一日的工作。

3．四川华鹏电源有限公司

该公司近三年共招录本校本专业学生 8 人，占其近三年招录一线员工总数的 30%，其中转岗 7 人，升职 1 人，离职 6 人。

（1）入职岗位：

库管、插件工、焊接工、组装工、检验员、配电柜装配工、制线员。

（2）职业发展方向：

产线管理班组长、维修工、销售和售后服务、研发助手。

（3）知识技能要求：

基本电气及电子元器件识别与测试、识读电路图纸、装配、调测、维修。

（4）证书需求：

无，取得毕业证书后可正式聘用。

（5）素质要求：

遵守纪律，吃苦耐劳，肯专肯学，愿意长期留用。

4．成都吉安泰电子有限公司

该公司近三年共招录本校本专业学生 3 人，占其近三年招录一线员工总数的 5%，其中转岗 0 人，升职 0 人，离职 3 人。

（1）入职岗位：

库管、材料分配员、电子产品测试员、组装工。

（2）职业发展方向：

车间组长、维修工、SMT（表面贴装技术）贴片技术员、波峰焊接技术员。

（3）知识技能要求：

常用电子元器件识别与测试、表贴元件识别测试、识读装配图、元件插装、整机装配、制作连接线、焊接。

（4）证书需求：

无，取得毕业证书且年满 18 岁可正式聘用。

（5）素质要求：

能持之以恒，吃苦耐劳，肯钻研。

5．成都中电熊猫显示科技有限公司

该公司近三年共招录本校本专业学生 46 人，占其近三年招录一线员工总数的 6.5%，其中转岗 3 人，升职 0 人，离职 34 人。

（1）入职岗位：

库管、机台值守、产线维护、组装工。

（2）职业发展方向：

产线管理班组长、维修工。

（3）知识技能要求：

熟悉机电自动化控制技术，能进行自动化设备使用、维护和维修。

（4）证书需求：

无，取得毕业证书后可正式聘用。

（5）素质要求：

能遵守企业规定，能吃苦耐劳，有耐心。

企业调研总体分析如下：

（1）中职学生基本都工作在生产一线上，产线岗位分工极细，对学生技术要求、学历要求和取证要求普遍不高；

（2）有升职途径和空间，但升职比例极小；

（3）学生离职率达到 77%，就业极不稳定，成了企业心病。企业都希望学生能持之以恒，吃苦耐劳。

表 1.2　我校本专业学生在企业就业与发展现状

调研企业	招录	转岗	升职	离职
四川华体照明科技股份有限公司	21	4	0	17
川开电气有限公司	18	2	0	14
四川华鹏电源有限公司	8	7	1	6
成都吉安泰电子有限公司	3	0	0	3
成都中电熊猫显示科技有限公司	46	3	0	34
总计	96	16	1	74
所占比例率		17%	1%	77%

1.2.3　企业岗位（群）工作分析

我们请四川华鹏电源有限公司（简称“华鹏电源”）的何永川总工程师、川开电气有限公司（简称“川开电气”）的人事部总监杨丽、成都鑫铭佳电子有限公司的生产厂

长何荣分别填写了下表，汇总并结合其他企业调研情况，分析形成电子技术应用专业中职毕业生就业岗位职业能力分析表，如表 1.3 所示。

表 1.3　电子技术应用专业中职毕业生就业岗位职业能力分析表

工作领域	岗位名称	主要职责	工作流程	工作对象	工作方法	使用工具	劳动组织	与前后工作任务的关系	所需知识能力和素养
电子产品制造	SMT	电路板贴片	印刷→贴片→目视→回流焊→检验	电路板	自动印刷贴片设备等	镊子、万用表	个人	原材料采购之 IQC（来料质量控制）	熟悉贴片工艺，熟悉电子元件
	SMT 回流焊	贴片板固化	参考炉温曲线	已贴片电路板	自动过炉	镊子、万用表	个人	印刷及贴片	熟悉贴片工艺，熟悉电子元件，熟悉设备
	光电检测	产品外观及功能测试	AOI（自动光学检测）再电测	已焊接的电路板	编程测试	AOI 机、万用表	个人	焊接好的产品	熟悉贴片工艺，熟悉电子元件，熟悉检验标准
	插件	负责 PCB 电路板直插元器件对应清单与位号插接安装器件	备件、准备清单、对照清单插件	电路板焊接操作工	岗前技术和职业卫生要求培训、根据车间主管安排生产计划安排开展工作，按要求完成	台式烙铁、斜口剪、螺丝刀、吸锡器	个人或协作	保障调试及生产装配进度的前期工作流程	基本动手操作和学习能力，熟知电子元器件代号、能识别基础电子元器件、阻容件单位标称值、具备一定沟通和协作能力
	浸焊	负责插件工序后的线路板焊接工作	锡炉升温、转移板件、准备助焊剂等焊接材料、浸焊	电路板焊接操作工	岗前技术和职业卫生要求培训、根据车间主管安排生产计划安排开展工作，按要求完成	浸焊炉、台式烙铁、斜口剪、螺丝刀、吸锡器	个人或协作	保障调试及生产进度的前期工作流程	基本动手操作和学习能力
	插件波峰焊	已插件板子焊接	MI 自动波峰焊	插件 OK 电路板	自动波峰焊接	回流焊设备及载板治具	个人	炉前检验	对波峰焊设备熟悉
	目检	检验插件完成的电路板	100%全检流水线电路板	插件 OK 电路板	目试	放大镜（选用）	个人	炉前所有插件工位	熟悉电子元件，插件工艺标准
	备料	准备插件产品板子及物料所需的工具	按 BOM（物料清单）准备物料	各生产岗位	人工选择和分配材料	BOM 单、图纸、样品	个人或协作	库房出料	电子元件熟悉

表 1.3（续）

工作领域	岗位名称	主要职责	工作流程	工作对象	工作方法	使用工具	劳动组织	与前后工作任务的关系	所需知识能力和素养
电子产品制造	制线	负责装配所用线缆线头加工处理	备线、下料裁剪、压线鼻、焊接、归类	制线操作工	岗前技术和职业卫生要求培训、根据制线清单和工艺规程要求加工制备线材	烙铁、高温吹风、剪线钳、卷尺、压线钳、尖嘴钳、剪线机、剥线钳、锡炉等	个人或协作	保障调试及生产装配进度的前期工作流程	基本动手操作和学习能力
	产品组装	负责产品电器元件或部件安装接线	附件装配、制线、一次二次线路连接	主机装配工	根据图纸子或样品准备线材、固定器件或部件、线路连接、扎线	螺丝刀、尖嘴钳、剥线钳、烙铁、扳手、套筒等基本工具	个人或协作	保障生产进度计划、检验及出厂周期	基本动手操作和学习能力、能识别基本电气符号
	测试	负责电路板通电调试以及整机调试	工具及仪器仪表工装准备、通电测试、装箱、转移库房	产品调试技术岗	根据产品技术手册调试指导和参数要求对相应板件进行参数测试和校准	示波器、万用表、电流钳、烙铁等基本工具	个人或协作	保障焊接、装配进度计划、协助质量控制	具备原理图分析、数电模电基础、有一定的动手和沟通能力，具备较强的学习能力
	维修	不良品修复	检测不良品，查看不良现象	坏产品	按不良现象检查维修	剪钳、烙铁、螺丝刀、各相关仪器	个人或协作	所有工序	产品熟悉
	老化	产品功能潜在问题检测及筛选	产品通电，放在老化要求的环境内	各项检测通过的产品	产品放入老化区，按要求升降温并最长通电	插板、电线、温度计等	个人	所有工序	老化工艺文件
电气产品制造	制线	负责装配所用线缆线头加工处理	备线、下料裁剪、压线鼻、焊接、归类	制线操作工	岗前技术和职业卫生要求培训、根据制线清单和工艺规程要求加工制备线材	烙铁、高温吹风、剪线钳、卷尺、压线钳、尖嘴钳、剪线机、剥线钳、锡炉等	个人或协作	保障调试及生产装配进度的前期工作流程	基本动手操作和学习能力
	配电盘组装	负责产品电器元件或部件安装接线	附件装配、制线、一次二次线路连接	配电盘装配工	根据图纸子或样品准备线材、电器元件、固定器件或部件、制线、线路连接压接、扎线	螺丝刀、尖嘴钳、剥线钳、烙铁、扳手、套筒、手电钻等基本工具	个人或协作	保障生产进度计划、检验及出厂周期	具备一次元件符号识图能力、端子焊接、压接处理工艺、基本动手排线工艺

表 1.3（续）

工作领域	岗位名称	主要职责	工作流程	工作对象	工作方法	使用工具	劳动组织	与前后工作任务的关系	所需知识能力和素养
电气产品制造	机柜组装	负责产品电器元件或部件安装接线	附件装配、制线、一次二次线路连接和压接	电气控制装置装配工	根据图纸子或样品准备线材、电器元件、固定器件或部件、制线、线路连接压接、扎线	螺丝刀、尖嘴钳、剥线钳、烙铁、扳手、套筒、手电钻等基本工具	个人或协作	保障生产进度计划、检验及出厂周期	熟悉电器元件符号、具备一次、二次原理图识图能力、端子焊接、压接处理工艺、基本动手排线工艺
	备料	准备配电盘和机柜组装所需器材	按 BOM 准备物料	各生产岗位	人工选择和分配材料	BOM 单、图纸、样品、电脑	个人或协作	库房出料、生产保障	熟悉电气元件、导线的类型和规格，会电脑办公软件
	测试	负责电路板通电调试以及整机调试	工具及仪器仪表工装准备、通电测试、装箱、转移库房	产品调试技术岗	根据产品技术手册调试指导和参数要求对相应板件进行参数测试和校准	示波器、万用表、电流钳、烙铁等基本工具	个人或协作	保障焊接、装配进度计划、协助质量控制	具备原理图分析、数电模电基础、有一定的动手和沟通能力，具备较强的学习能力
研发	助理	协助研发工程师进行产品开发测试工作	在研发工程师的指导下开展工作	服务于研发部门总体安排	根据研发任务准备文件、材料，进行制图、安装、焊接、调试和测试数据统计等	示波器、万用表、烙铁、剥线钳等基本工具	个人或协作	前端工作，产品创新升级	具备计算机常用办公软件操作能力、数电模电基础、有较强的动手和沟通能力，具备较强的学习能力
销售	安装	负责产品售后安装调试工作	预约客户→现场安装	客户	根据产品技术手册中安装调试要求，结合客户现场情况进行产品安装与调试	示波器、万用表、烙铁、剥线钳等基本工具	个人或协作	客户终端工作、现场应变能力	具备原理图分析、数电模电基础、能识读各类安装图、有较强的动手和沟通能力，具备较强的学习能力
	前台	负责客户接待、咨询、引导，进行产品介绍和公司介绍等	现场接待、电话接待	客户、来宾	介绍、咨询和现场服务	电话机等	个人或协作	企业推广关键环节、企业形象、企业重点岗位	较强语言表达能力、与人沟通交流能力、企业展示能力、产品展示能力、文明礼貌、普通话标准

表 1.3（续）

工作领域	岗位名称	主要职责	工作流程	工作对象	工作方法	使用工具	劳动组织	与前后工作任务的关系	所需知识能力和素养
销售	维修	负责产品售后维修调试工作	根据内勤计划安排前往工程实施维修调试工作	产品售后服务技术岗	根据计划和现场故障问题	示波器、万用表、电流钳、烙铁等基本工具	个人或协作	售后技术服务、出厂产品技术保障工作	具备原理图分析、数电模电基础、有一定的动手和沟通能力，具备较强的学习能力

由表 1.3 岗位分析可见，电子信息职业岗位对技术技能的要求呈现两个极端，一部分岗位（如插件）对知识技能几乎没要求，不进学校学习也完全可以在简单培训后胜任，并且大有被机器人取代的趋势；另一部分岗位却要求甚高（如安装调试与维修），是复合型技术，理论和实践水平都要求很高，不是靠中职学段培养就可以达到的。

1.3 高校调研

1.3.1 中职学校毕业生升学情况研究

中职学校毕业生升学情况统计分析如表 1.4 所示。本次统计调研了成都市开设电子信息二类专业学校 6 所，毕业学生 1100 余人，在不计算“3+2”升学外，2018 年 6 所学校总升学率 40%，到 2019 年上升到 43%，升学率接近一半，且逐年上升，这说明家长、学生和社会对学生升学有广泛需求，并且逐年在增加，这为我们制定人才培养方案提供了参考价值。

表 1.4 中职学校毕业生升学情况统计分析

	2018 年			2019 年		
学校	毕业生总人数	升学人数	升学率	毕业生总人数	升学人数	升学率
成都电子信息学校	285	117	0.41	239	128	0.54
成都市中和职业中学	130	25	0.19	140	30	0.21
成都现代制造职业技术学校	297	96	0.32	240	60	0.25
成都石化工业学校	280	115	0.41	305	117	0.38
崇州市职业教育培训中心	89	34	0.38	120	48	0.40
温江燎原职业技术学校	98	80	0.82	118	115	0.97
总计	1179	467	0.40	1162	498	0.43

1.3.2 高校专业设置情况研究

由于高校是信息二类毕业生毕业后的上升主通道之一，所以有必要研究高校专业设置情况。我们随机对 2018 年招收信息二类考生的 16 所大专院校开设的专业进行了调研，其招生情况如表 1.5 所示。

表 1.5　16 所大专院校 2018 年招收信息二类考生情况

学院名称	专业	招生人数	学院名称	专业	招生人数
成都工业职业技术学院	铁道信号自动控制	40	成都纺织高等专科学校	电梯工程技术	55
成都工贸职业技术学院	电气自动化技术	25		工业机器人技术	20
巴中职业技术学院	物流管理	80		电气自动化技术	35
内江职业技术学院	电气自动化技术	30		应用电子技术	40
长沙民政职业技术学院	应用电子技术	3	成都航空职业技术学院	电气自动化技术	18
	电气自动化技术	3		电子信息工程	15
	机电一体化技术	3		建筑智能化工程	55
	物联网应用技术	3	四川机电职业技术学院	电气自动化技术	110
	工业机器人	3		电子信息工程	90
四川信息职业技术学院	通信技术	30	四川工程职业技术学院	电气自动化技术	90
	物联网应用技术	40		电子信息工程	50
	应用电子技术	30	成都农业科技职业学院	应用电子技术	23
南充职业技术学院	电子信息工程	25	泸州职业技术学院	应用电子技术	85
达州职业技术学院	机电一体化技术	30		电力系统自动化	45
成都职业技术学院	应用电子技术	70		电子信息工程	45
	建筑智能化工程	35	四川职业技术学院	机电一体化技术	40
				应用电子技术	40

汇总分析如表 1.6 所示，招收信息二类的大专院校共 16 个，共有专业 11 个，其中 16 个院校开设电工类专业 7 个，电工类专业开设院校的比例为 100%，其中开设院校最多的专业是电气自动化技术，达到 6 个院校；14 个院校开设 4 个电子类专业，电子类专业开设院校的比例为 87.5%，其中开设院校最多的专业是应用电子技术，达到 7 个院校。无论是开设院校数，还是开设院校最多的专业数，电工和电子两大类基本持平，这说明我们培养的学生，还必须要兼顾电工和电子两个方向，这是我们课程结构分电工和电子两大类的宏观依据。由于学生选择高职专业的自主性，有 11 个以上的专业可选，那么学生在升学前要对接哪个学校的哪个专业来学习就显得非常困难，在中职奠定通用基础知识和技能就显得尤其重要。

表 1.6 职业院校招收专业汇总分析表

	专业分类	专业	开设学院数
统计 16 所大专院校	电工类专业	建筑智能化工程	2
		电力系统自动化	1
		电梯工程技术	1
		工业机器人	2
		铁道信号自动控制	1
		电气自动化技术	6
		机电一体化技术	3
		开设院校合计	16
	电子类专业	应用电子技术	7
		物联网应用技术	2
		通信技术	1
		电子信息工程	4
		开设院校合计	14
	其他	物流管理	1

1.4 产业链分析

我们在此分析产业链，主要分析典型产品内含技术技能的一般情况，而不是分析其生产制造的技术技能。电子信息产业链如图 1.2 所示，分别是原材料生产出电子元件，由若干散元件组构成有特定功能的单元模块（如传感器模块），由若干模块和散元件组成具有复杂功能的组件（如 PLC），元件、模块和组件再组合成庞大的工作系统。

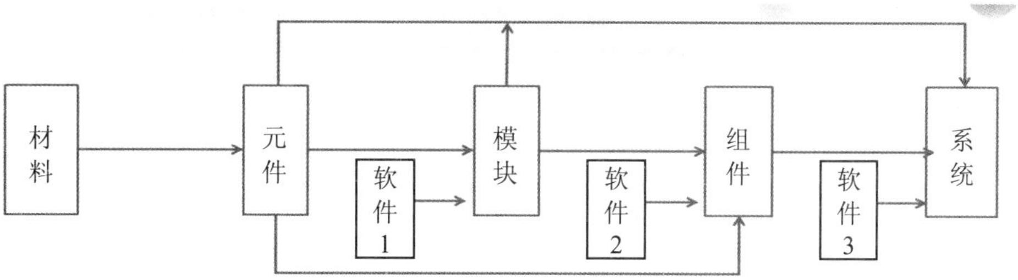

图 1.2 电子信息产业链

1.4.1 材料到元件的产品分析（略）

材料学已经不在电子技术应用专业的学习范围内。

1.4.2 元件到模块的产品分析（见表 1.7）

表 1.7 产品分析 1

模块名称	模块分类	主要组成器件	主要软件	功能描述	工作原理描述	达到维修水平的基本技术描述
漫反射型光电传感器	传感器	发光二极管、光敏电阻、双向触发二极管、双向晶闸管等	无	使用光反射方法去识别检测物体	由发光二极管发出的光经物体反射到光敏二极管上产生光电效应，触发双向触发二极管，引起双向晶闸管导通	能读懂光电传感器的使用参数和应用接线图
开关电源	电源	变压器、电阻器、整流二极管、发光二极管、电解电容器、IGBT、集成电路、三端稳压器	无	实现把交流电源转变成直流电源	先把市电整流、滤波得到高电压直流电源，再通过逆变产生稳定交流电源，最后稳压成各种值的直流电源	元件识别、测量、能识读电路原理图并分析工作过程、工作状态判断，维修方法与技巧
数码显示模块（1～8 位）	显示	锁存器、数码管等	无	显示数字与部分字母等	通过段码控制数码显示管内部发光二极管的亮灭状态，从而显示数字与部分字母等信息	能推导段码、能够理解锁存器的工作原理
液晶显示模块	显示	液晶屏、液晶驱动、背光控制等	无	显示文字、图形等	在背光的照射下，通过改变液晶分子的排列结构从而透光/不透光，以达到显示效果	掌握液晶模块引脚功能
按键/开关输入模块	输入	轻触按钮、拨动开关等	无	根据按键/开关的状态输出信息	按键按下与否、开关通断与否的状态通过高/低电平的变化输出	能使用仪表测试按下与否的电平变化
单片机系统模块	系统	单片机、基本外围电路、电源电路、下载电路、接口电路	Keil	通过编程读取输入设备信息、控制输出设备	读取输入设备的信息并进行处理/判断，从而控制输出设备	掌握单片机原理 掌握引脚功能 掌握最小系统

1.4.3 元件和模块到组件的产品分析（见表 1.8）

表 1.8 产品分析 2

组件名称	组件分类	主要组成器件	主要软件	功能描述	工作原理描述	达到维修水平的基本技术描述
三菱 FX2N	PLC	电源模块、主板、输入/输出模块	FX 系列编程软件 GX Developer、FX-TRN-BEG-C、GX-Work	通过可编程控制器编程去实现逻辑控制	PLC 在已经编制的程序控制下，根据输入模块的输入信号做出逻辑判断，从输出模块输出相应的控制信号，以实现功能	熟悉 PLC 设备的结构和端子分配，能读懂 PLC 电路图，会编写简单 PLC 程序，能判断 PLC 工作状态和输入/输出端口状态
单片机开发板	单片机	系统模块、输入模块、数码显示模块、液晶显示模块等	Keil C++	单片机系统开发	读取输入设备的信息并进行处理/判断，从而控制输出设备	掌握单片机系统模块、常用输入/输出模块等

表 1.8（续）

组件名称	组件分类	主要组成器件	主要软件	功能描述	工作原理描述	达到维修水平的基本技术描述
台达变频器	变频器	二极管桥式整流器、逆变器 IGBT、控制器（单片机或 DSP）	Keil C++	通过控制频率去改变电机转速	按照设定的控制方式，把整流器整流后的直流电逆变成设定频率的交流电输出给电机，以控制电机转速	会连接变频器应用电路、了解并设置变频器的工作方式、了解变频器的参数、会选择变频器使之与电机匹配

1.4.4 元件、模块和组件到系统的产品分析（见表 1.9）

表 1.9 产品分析 3

系统名称	系统分类	主要组成器件	主要软件	功能描述	工作原理描述	达到维修水平的基本技术描述
饮料灌装自动生产线	自动化	光电、霍尔、电容传感器，三菱 PLC，触摸屏，三菱变频器，伺服电机，三相交流异步电动机，电磁阀门	GX-Work、MCGS 嵌入版	实现瓶装饮料的自动灌注	传感器检测到储料罐有料，空瓶排列在自动传送带上，移动至灌嘴下，自动灌注满瓶后，旋盖器盖上瓶盖，自动贴上标签	会识读原理图、系统图、装配图，了解 PLC 等器件的特性，能上传下载程序，能根据现场情况修改相关参数，能判断问题部位
小型有线局域网	网络通信	服务器、交换机、电脑终端、双绞线等	服务器专用操作系统	把多个用户终端组成一个可互相通信的网络	按拓扑结构组成网络，在通信协议下实现相互间通信	了解服务器、交换机、用户终端的硬件特性，会连接硬件电路，了解通信协议，了解服务器和交换机配置方法
华硕台式电脑	电脑	主板、硬盘、电源、机箱、显示器、键盘、鼠标	Windows 操作系统	为应用软件搭建的工作平台	在 CPU、存储器、输入/输出硬件设备支持下，利用 Windows 人机交互系统，为应用软件提供工作平台	理解各种通信接口，了解电脑硬件模块的功能和参数，会安装硬件，会为硬件配置参数，会安装操作系统和应用软件，会用故障代码、观察法、替换法等处理故障
智能电饭煲	智能家电	电源、单片机、输入设备、输出设备、加热功率电路、锅体	Keil C++	多种智能煮饭功能合集；友好的人机交互	根据用户选定的煮饭程序完成煮饭	了解各组件的功能、对信号输入/输出流程清晰

综合分析后发现，除材料和元件外，产业链上其他各环节，都涉及编程，使用不同的编程语言，如单片机编程语言 C、PLC 编程语言 GX-Work 等，但编程思维结构是相似的；涉及电源、USB、RS-232、蓝牙等接口技术；涉及 Wi-Fi、局域网、Internet 等网络技术；需要了解模块、组件的功能，能看懂参数并应用；掌握电路分析和国家标准使用。这说明产业链涉及的技术技能在课程项目内容的编制上应该要有渗透。

1.5 人才培养模式

从企业和产业链的调研结果可知，电子信息产业升级发展后，自动化和智能化程度越来越高，一个产品或项目，往往都包含了“智能感动网”，即编程、电源、传感、驱动和网络几方面，知识面越来越宽，新技术和新工艺越来越多，对人才的需求更趋向于复合型技术技能人才。仅仅是靠短期的中职学段的学习，已经不能胜任岗位能力需求，还需进一步的深造学习和提高。另外，通过调研也发现，中职毕业学生一半以上升入高职院校继续学习，这说明家长和社会已经意识到学生长远发展的问题，他们有继续学习的需求和动力。由此，我们提出了“一基双向”的人才培养模式，见图 1.3。即在中职学段打好各专业方向学习所需的宽泛的专业公共基础知识和基础技能，让学生“入门”，然后到企业或高校进一步深化学习，最终成为企业可用人才。

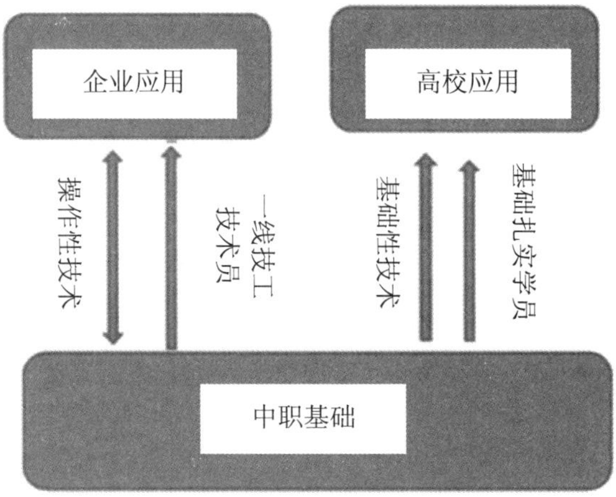

图 1.3 “一基双向”人才培养模式

1.6 人才培养目标

成都电子信息学校电子技术应用专业面向信息二类高职院校和电子信息企业一线，培养德、智、体、美、劳全面发展，具有扎实的电工电子基础知识和基础技能，具有“爱国、守纪、诚信、勤学、敬业”的职业素养的初级技能人才。

1.7 人才培养规格

1.7.1 知识技能目标

（1）具备中学阶段基本的人文社会科学知识。

（2）必备的电工电子基本知识。

（3）具备本专业基本操作技能。

（4）具备高级语言编程的基础知识和技能。

（5）具备网络基础知识和技能。

（6）具备常用接口电子电路的基础知识和技能。

（7）了解电子、电气设备的相关国家标准。

1.7.2 能力目标

（1）具有一定的与专业相关的英语词汇量，能借助工具书并在老师指导下阅读本专业简单的外文资料，操作英文设备，使用英文软件进行程序编写。

（2）具有开展本专业基础知识技能学习所需要的数学知识和较强的逻辑思维能力。

（3）具有熟练的计算机应用基本技能，包括文字输入技能、文字、图文、图表信息处理能力，桌面数据库管理能力和网络基本使用能力。

（4）具有阅读理解本专业文章、产品说明书和学习任务书的能力，具有现象描述、问题简述、实训报告书写能力。

（5）具有搜集并归纳整理本专业知识的能力。

（6）具有依据任务书进行电子产品生产制造所需的元件识别、测试、安装、焊接、通电、调试和数据处理能力。

（7）具有电子和电气设施安装、使用、操作规范、安全规范方面的知识。

（8）具有识读电子电路原理图和 PCB 图的能力。

（9）具有识读照明和电气控制电路原理图、位置与布局图、装配图的能力。

（10）具有对电子和电气设备的安装工艺、绝缘、接地连续性、防护等级的检测能力。

（11）具有对电子和电气设备的参数检测与应用的能力。

（12）具备一种以上高级语言进行简单编程、下载和调试的能力。

（13）具备万用表、信号发生器、示波器、钳形电流表、绝缘电阻测试仪、接地电阻测试仪的使用能力。

（14）具备简单网络的硬件电路搭建和网络参数设置的能力。

（15）具备电子和电气材料选择的能力。

（16）具备按电子模块（组件）说明书进行模块（组件）应用的能力。

（17）具备对电子和电气产品的功能、特性和专业参数进行介绍的能力。

1.7.3 素质目标

（1）良好的心理素质、抗压能力。

（2）克服枯燥乏味工作环境、持之以恒的素质。

（3）电子信息从业者所必需的严谨、细致、认真的工作素养。

（4）电子信息业者所必需的热爱学习、勤于钻研的素养。

（5）电子信息从业者所必需的安全、质量和环保意识。

1.8 毕业条件

（1）每门必修课程考核合格（含 1 次补考合格）；

（2）体育考核合格；

（3）初等复杂程度综合性电子产品考核合格；

（4）取得计算机操作员初级、普通话三级乙等以上证书；

（5）取得至少 1 个电工方向或电子方向的职业技能等级（初级以上）证书或“1+X”证书；

（6）在校期间无警告及以上处分，或处分已经撤销。

第 2 章　电子产品分析

电子技术应用专业的目标物是电子产品，电子行业是围绕电子产品为中心的材料、设计、生产制造、销售和维护等具体工作业务群，分析它可以找到从事电子产品行业的关键能力，以及能承载这种能力的项目，因而有必要对电子产品进行必要的分析，为制定课程体系找出依据。

2.1　电子产品内含技术的概念

电子产品内含技术：是由电子产品功能所决定的，不随电子产品工业制造技术变化而变化的科学技术。比如一台收音机，是工厂流水线组装生产还是爱好者手工装调，都能实现收音的功能，与功能实现无关的工业制造技术就不包括在产品内含技术之中。

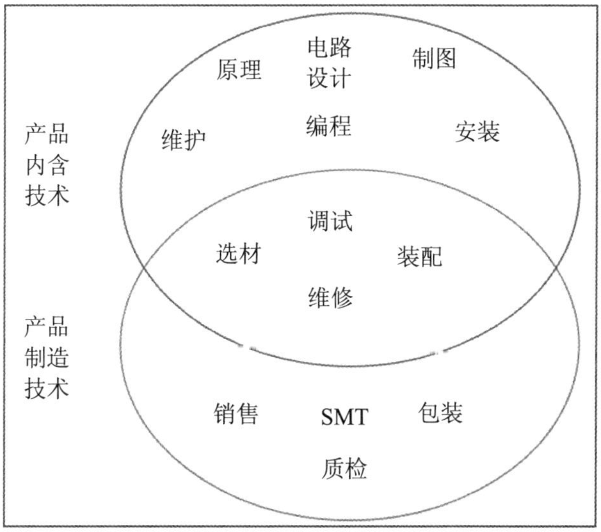

图 2.1　电子产品内含技术和制造技术的区别示意图

如图 2.1 所示，本处所指制造技术，是指工业生产制造技术，如产品的销售、包装、SMT、质检、回流焊等生产技术流程，它不是电子产品功能实现的唯一途径，甚至于与功能实现完全无关，比如销售和包装。

而要电子产品实现其功能，就必须具有的技术，如原理、制图、编程、调试等归类为电子产品内含技术，那么，焊接和铰接都能实现功能，焊接也是工业生产技术，它归类为制造技术吗？我们认为，工业焊接，如回流焊等归类为制造技术，而手工焊接因在少量的安装、维修和系统组建中经常使用，也应该是必要的内含技术。

2.2 电子产品内含技术分析

2.2.1 典型产品选择与内含技术分析

如图 2.2 所示为电子产业链，先从原材料生产出电子元器件，如电容器、晶体管等，这一段主要是材料学科的知识技能；电子元器件又组成有一定功能的电路模块，如烟雾传感器、接近开关、USB 接口模块、读卡器模块等，这些模块与电子元器件一样，独立、稳定简便，可以方便地使用到电路中，但其功能远比单独的元器件大；电路模块和电子元器件再建构出功能更强大一些的电路组件，比如计算机硬盘、开关电源、PLC、触摸屏、变频器等，甚至于还要给它配套相应的编程软件，功能十分强大，这些组件本身是一个电子产品，也是电子（电气）系统中的一个构件；最后用这些模块和组件建构成功能强大的电子（或电气）系统，比如自动化生产线、电梯等。因为材料到元件主要是化学、物理学、材料学范畴，所以不再分析。从“元件→模块→组件→系统”都选择一些有代表性的典型产品进行分析，如表 1.7～1.9 所示。按电子产品内含技术概念，在对比、归纳分析这些表格后，无论从元件到模块、模块到组件，还是具有复杂功能的大系统，其核心专业能力均可归纳为：关键基础是电路分析、网络组建和程序编制；关键能力是模块（组件）的应用能力，标准解读能力；关键技能是识图、安装、调测和维修，如图 2.3 所示。

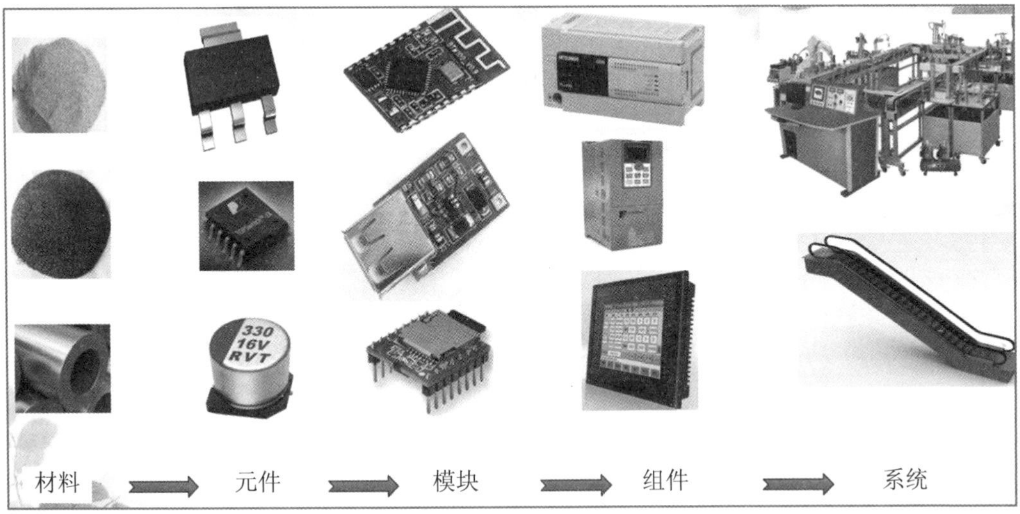

图 2.2　电子产业链

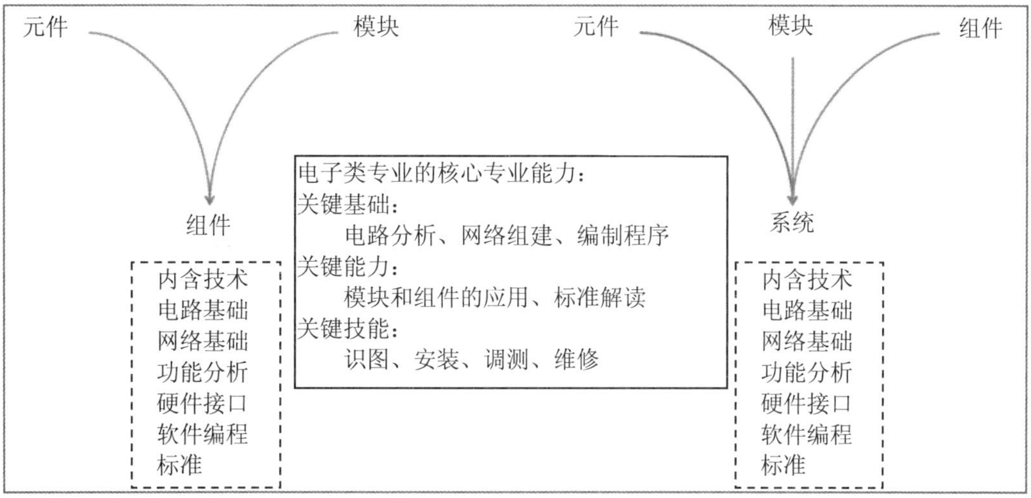

图 2.3 电子类专业核心专业能力

2.2.2 内含技术归类

分析归纳电子产品内含技术，整理出电子产品常见内含技术，如表 2.1 所示。

表 2.1 电子产品常见内含技术列表

技术组别	内含技术	功能	分类
电源技术	整流	交流变直流	能
	滤波		
	逆变	直流变交流	
	电池	能量存储	
信号感知	光敏	光转电	感
	电磁	磁转电	
	霍尔	磁转电	
	压电	压力转电	
	电磁	声音转电	
	热敏	温度转电	
	电磁	速度转电	
信号放大	电压放大	小信号放大	
	功率放大	小功率放大	
通信接口	USB	串行通信	网
	RS-232		
	RS-485		
	SPI		
	CAN		
	I^2C		

表 2.1（续）

技术组别	内含技术	功能	分类
通信接口	HDMI	视频	网
	DVI		
	VGA		
	RGB		
	TCP/IP	路由	
	CC-LINK		
	蓝牙	无线通信	
	Wi-Fi		
波形处理	积分	波形变换	
	微分		
	施密特		
	比较器		
	切割	波形整形	
输出	LED 点阵屏	显示	动
	液晶		
	数码管		
	电热丝	电加热	
	微波		
	电磁铁或电磁继电器	机械能输出	
	直流电机		
	三相交流异步电动机		
	伺服电机		
	步进电机		
	扬声器	声音输出	
	BELL（蜂鸣器）		
	超声波		
编程控制	单片机	电子控制	智
	DSP		
	ARM		
	PLC	工业控制	
	触摸屏		
	变频		

表 2.1（续）

技术组别	内含技术	功能	分类
数字信号处理	定时	定时	智
	延时	延时	
	计数	计数	
	存储与读取	存储	
	编码	编码	
	译码	译码	
	A/D	数模变换	
	D/A	数模变换	

按电子产品的结构和构成模块的功能，我们把内含技术归类为“智、能、感、动、网”五大类。“智”是指以 CPU、GPU、PLC 等为主的编程技术，重点在计算机原理、编程芯片结构、编程指令和编程方法；“能”是指以电池、开关电源、配电等为主的电源技术；“感”是指各种传感器件为代表的传感技术；“动”是指以电机、显示为主的各种执行设备的驱动技术；“网”包括各类网络的交换、路由和接口技术。如图 2.4 所示，电子产品几乎都是由这五类技术融合而成。

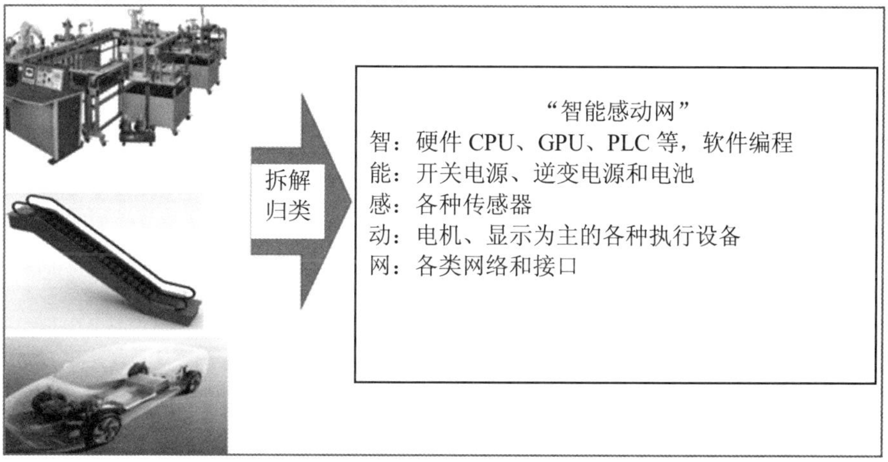

图 2.4　电子产品内含技术归类

归类后，每一类都有各自的内含技术，有简单的、复杂的；有同质的、迥异的。在中职学段，遵循入门级（初级）技术的目标、基础性原则和代表性原则，选择组成电子产品的核心器件，如图 2.5 所示。在兼顾电工和电子两方面，“智”选择了两种通用编程技术，即单片机和 PLC；“能”选择了集成稳压电源和开关电源模块；“感”选择了常见易用的金属、光电、声音、温度传感器；“动”选择了工业控制常见电动机、继电器、触摸屏和变频器；“网”选择局域网和典型的 RS-232、RS-485、SPI、I^2C 接口。

	中职学习优先核心器件					
	初选				扩展	
智	单片机	PLC				
能	稳压电源	开关电源			逆变电源	
感	光电、电容、电感	声音	温度		压力	速度
动	三相异步电动机	电磁继电器	变频	触摸屏	步进电机	伺服电机
网	局域网	各类接口				

图 2.5　中职学段优先选择核心器件

第 3 章　电子技术应用专业模块化项目课程体系（模块课程的设计）

基于电子产品内含技术来建构中职学段模块化项目课程体系，我们之所以没基于制造技术，是因为制造技术在企业中被分解得很精细，有利于批量生产，岗位上的工作大部分都是简单的重复劳动，以后很可能被机器人等自动化设备所取代。按电子产品内含技术，依据培养目标、知识逻辑性和难度，我们进行如下设计。

3.1　课程体系总架构

每个电子产品都由若干基本单元（或者独立功能模块）组成，比如一台电脑，就由主板、硬盘、键盘、内存、电源等模块组成（请注意区分：这里的模块是指有一定功能的电路，与模块化中所指的模块不是同一个概念）；一台功率放大器是由输入放大、音控、功率放大、电源等模块组成，这些模块是组成电子产品的细胞，不同的模块组合将产生不同的电子产品，比如同样是硬盘，在电脑中使用，在服务器中也使用，表 3.1 列举了同一模块在不同电子产品中的情况。那么，我们掌握细胞了，就可以组成千变万化的电子产品了。所以我们认为模块应用能力是电子技术应用专业的核心关键能力。

按强弱电区分，常分为电工和电子两个大类，两个大类间既有区别又有联系，它们主要技术指标、实施技术和工艺标准都有很大区别，因而在建立总架构时，先建立一个电工电子都需要的通用基础能力模块，称基础模块项目，再分别建立电子模块项目和电工模块项目，作为电子方向和电工方向的方向基础，如图 3.1 所示为课程体系总架构。

表 3.1　电子产品功能模块统计样表

序号	模块名称	主要功能	产品名称
1	整流滤波电源	交流电转换为直流电	电视机、手机充电器、功放机、逆变器、开关电源
2	单片机	程序控制	电视机、空调器、电瓶车充电器、微波炉、洗衣机
3	PLC	程序控制	自动生产线、电梯、扶梯、自动抽水系统、冷库自动控制系统、机械手

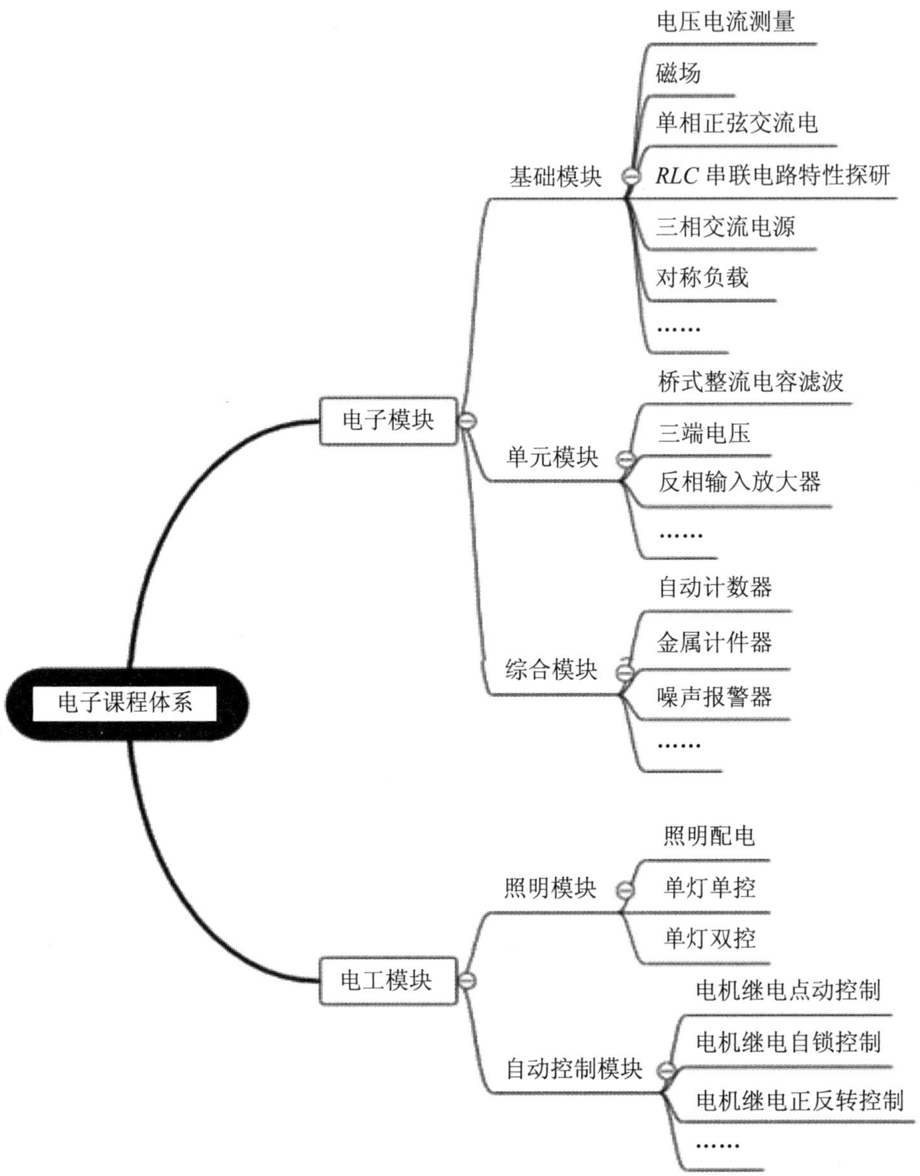

图 3.1　课程体系总架构

3.2　基础模块项目

按培养目标中基础性目标，我们归纳整理了基础模块项目 27 个，如表 3.2 所示，涵盖了电工电子常见物理量、直流电路及其分析方法、交流电路及其分析方法，通用元器件等。

表 3.2 基础模块项目列表

项目编号	项目名称
DZJC-01	电阻器
DZJC-02	直流电压和电流的概念及测量
DZJC-03	欧姆定律
DZJC-04	电阻串联及特性
DZJC-05	电阻并联及特性
DZJC-06	节点电流定律
DZJC-07	回路电压定律
DZJC-08	功率
DZJC-09	电容器
DZJC-10	电感器
DZJC-11	磁场
DZJC-12	电磁感应
DZJC-13	单相正弦交流电
DZJC-14	*RL* 串联电路特性探研
DZJC-15	*RC* 串联电路特性探研
DZJC-16	*RLC* 串联电路特性探研
DZJC-17	三相交流电源
DZJC-18	对称负载
DZJC-19	不对称负载
DZJC-20	电动机
DZJC-21	变压器
DZJC-22	数制
DZJC-23	与、与非
DZJC-24	或、或非
DZJC-25	逻辑分析
DZJC-26	逻辑函数化解
DZJC-27	焊接

3.3 电子模块项目

在构建电子模块项目时，我们依据电器产品一般构成，将其先功能模块化，再组合成电子产品，如图 3.2 所示。我们依据人才培养规格设计这些功能模块，使之既符合中职学段认知能力，又让功能模块之间达到电气参数的匹配，以保证接口正确性。由一个个功能模块（下称单元模块）按电子产品工作原理组合成若干个综合模块（即有复杂功能的电子产品）。每一个模块在课程建设时被设定成一个项目来建设。

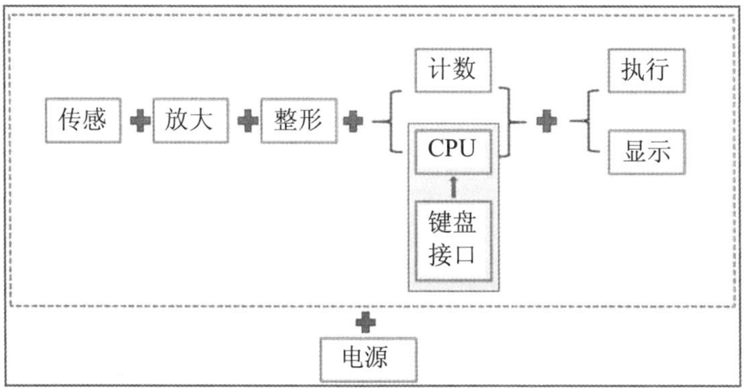

图 3.2　电子模块：由单元模块组建综合模块示意图

按电子产品常见电路模块，结合培养目标中基础性目标，以及适合中职学段学习的简易原则，我们设计了单元模块项目 22 个和综合模块项目 9 个，涵盖“智能感动网”中前四个，如表 3.3 和表 3.4 所示。

表 3.3　单元模块项目列表

项目编号	项目名称
DZDY-01	桥式整流电容滤波
DZDY-02	三端稳压
DZDY-03	编码
DZDY-04	译码
DZDY-05	数码管与显示译码
DZDY-06	点阵与显示译码
DZDY-07	JK 触发器与时序
DZDY-08	计数器
DZDY-09	寄存器
DZDY-10	振荡器与脉冲
DZDY-11	三极管与驱动
DZDY-12	反相输入放大器
DZDY-13	同相输入放大器
DZDY-14	加法器
DZDY-15	减法器
DZDY-16	跟随器
DZDY-17	乙类功率放大器

表 3.3（续）

项目编号	项目名称
DZDY-18	过 N 比较器
DZDY-19	滞回比较器
DZDY-20	波形发生器
DZDY-21	D/A
DZDY-22	A/D

表 3.4 综合模块项目列表

<table>
<tr><td>项目编号</td><td>项目名称</td><td colspan="7">模块构成</td></tr>
<tr><td>DZZH-01</td><td>自动计数器</td><td>传感（光电）</td><td>反相放大</td><td>过零整形</td><td>计数 160</td><td>译码 4511</td><td>显示共阴</td><td>指示</td></tr>
<tr><td>DZZH-02</td><td>金属计件器</td><td>传感（金属）</td><td>同相放大</td><td>滞回整形</td><td>计数 163</td><td>译码 4511</td><td>显示共阳</td><td>指示</td></tr>
<tr><td>DZZH-03</td><td>噪声报警器</td><td>传感（声音）</td><td>差动放大</td><td>滞回整形</td><td>计数 191</td><td>译码 4511</td><td>显示共阳</td><td>555+蜂鸣</td></tr>
<tr><td>DZZH-04</td><td>光报警</td><td>传感（光敏）</td><td>反相放大</td><td>过某整形</td><td>计数 4024</td><td>译码 4511</td><td>显示共阴</td><td>555+蜂鸣</td></tr>
<tr><td>DZZH-05</td><td>自动计数器</td><td>传感（光电）</td><td>反相放大</td><td>过零整形</td><td rowspan="5">单片机</td><td>下载</td><td>串口下载</td><td>ISPUSB 下载</td></tr>
<tr><td>DZZH-06</td><td>光报警</td><td>传感（光敏）</td><td>反相放大</td><td>过某整形</td><td>输入</td><td>按键</td><td>不多于 8 位拨码开关</td></tr>
<tr><td>DZZH-07</td><td>金属计件器</td><td>传感（金属）</td><td>同相放大</td><td>滞回整形</td><td>驱动</td><td>蜂鸣器</td><td>继电器</td></tr>
<tr><td>DZZH-08</td><td>噪声报警器</td><td>传感（声音）</td><td>差动放大</td><td>滞回整形</td><td>显示</td><td>数码管</td><td>发光二极管</td></tr>
<tr><td>DZZH-09</td><td>温度同比变化仪</td><td>热敏</td><td>同相放大</td><td>555 振荡</td><td></td><td></td><td></td></tr>
</table>

3.4 电工模块项目

在构建电工模块项目时，我们依据电气系统一般构成，按功能递进方式，逐渐组合成功能越来越完善的电气系统。如图 3.3 所示电工模块：电气系统结构示意图中，我们首先进行电源配电，然后是照明模块（即照明箱+插座+灯），再后是自动控制模块（即开关直接控制电机、PLC 控制电机、触摸屏+PLC 控制电机、触摸屏+PLC+变频控制电机），最后构成一个控制复杂的电气系统，它基本能够代表当今电气自动控制系统的原型。

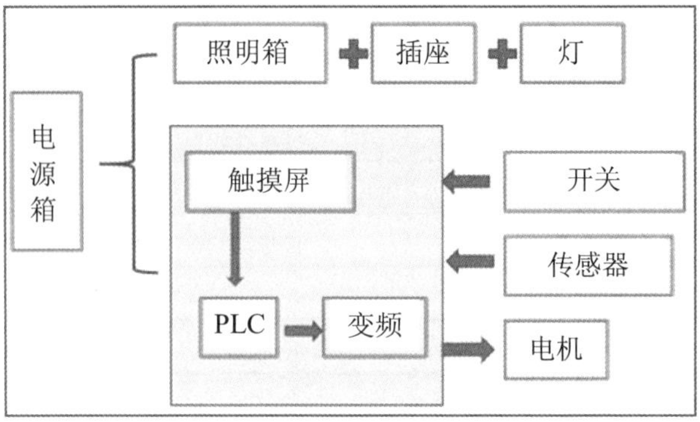

图 3.3　电工模块：电气系统结构示意图

照明模块项目如表 3.5 所示，由照明配电箱、单灯单控和单灯双控组成，基本上能覆盖家庭照明电气线路的设计、安装与调试。

表 3.5　照明模块项目

项目编号	项目名称
DGZM-01	照明配电箱
DGZM-02	单灯单控+插座
DGZM-03	单灯双控+插座

自动控制模块项目如表 3.6 所示，主要是电机的自锁运行、星-三角启动、可逆控制和双速电机控制。二次回路由继电控制到 PLC 控制，再到触摸屏控制和变频控制，由浅入深，由易到难，由单一到系统，达到系统控制最基础的结构。

表 3.6　自动控制模块项目

项目编号	项目名称	
DGDQ-01	电机单向自锁（点动）运行	
DGDQ-02	电机可逆运行（行程开关）	
DGDQ-03	电机星形-三角形启动（时间继电器）	
DGDQ-04	双速电机运行（速度继电器）	
DGDQ-05	电机单向自锁运行	PLC
DGDQ-06	电机可逆运行（行程开关+光电）	PLC
DGDQ-07	电机星形-三角形启动（定时）	PLC
DGDQ-08	双速电机运行（速度传感器）	PLC
DGDQ-09	电机单向自锁运行	PLC+触摸屏
DGDQ-10	电机可逆运行（行程开关+金属）	PLC+触摸屏
DGDQ-11	电机星形-三角形启动（时间继电器）	PLC+触摸屏
DGDQ-12	双速电机运行（速度传感器）	PLC+触摸屏

表 3.6（续）

项目编号	项目名称	
DGDQ-13	电机单向自锁运行（按钮三段速）	PLC+触摸屏+变频器
DGDQ-14	电机可逆运行（行程开关+金属三段速）	PLC+触摸屏+变频器
DGDQ-15	电机星形-三角形启动（时间继电器）	PLC+触摸屏+变频器

3.5 电子技术应用专业模块化项目课程体系

电子技术应用专业模块化项目课程体系如图 3.4 所示，文化基础课按照国家标准开设，专业主干课程由基础模块项目、电子模块项目（电子单元模块和综合模块）、电工模块项目（照明模块和自动控制模块）三部分组成。由于电机、编程和网络相对复杂，单纯在项目中学习不足以达到入门级水平，因而辅助开设了“电机”“单片机编程”“PLC 编程”“网络”和“电工电路仿真”课程，以加强项目学习与应用能力。设置选修“1+X”证书，要建立在必修课程的知识技能上，以求连续性的同时还具有互补性。此课程体系由于基于产品内含技术，以能力模块划分，电子模块、电工模块也可以独立作为学校对外进行培训的课程。

<table>
<tr><th colspan="9">电子技术应用专业课程体系结构</th></tr>
<tr><td></td><td colspan="7">必修</td><td>选修</td></tr>
<tr><td rowspan="6">专业课</td><td colspan="5">主干课程</td><td colspan="2">必备辅助课</td><td></td></tr>
<tr><td colspan="5">电子电工基础模块项目</td><td colspan="2">电机</td><td></td></tr>
<tr><td colspan="5">电子单元模块项目</td><td colspan="2">单片机编程</td><td></td></tr>
<tr><td colspan="5">电子综合模块项目</td><td colspan="2">PLC编程</td><td></td></tr>
<tr><td colspan="5">电工照明模块项目</td><td colspan="2">网络</td><td>1+X1证书</td></tr>
<tr><td colspan="5">电工自动控制模块项目</td><td colspan="2">电工电路仿真</td><td>1+X2证书</td></tr>
<tr><td></td><td colspan="7"></td><td></td></tr>
<tr><td>文化基础课</td><td>语文</td><td>数学</td><td>英语</td><td>体育</td><td>公共计算机</td><td>德育</td><td>历史</td><td>艺术</td></tr>
</table>

图 3.4　电子技术应用专业模块化项目课程体系

第 4 章　项目规划与知识技能点设计

知识技能点类似于高考的考纲，它系统地分布于各项目中，既与知识逻辑关系相关，又与能力培养相对应。关于能力和品格的关系，如图 4.1 所示，融会贯通的知识技能就形成了能力，而同时养成的习惯和意识就具有了某种品格。

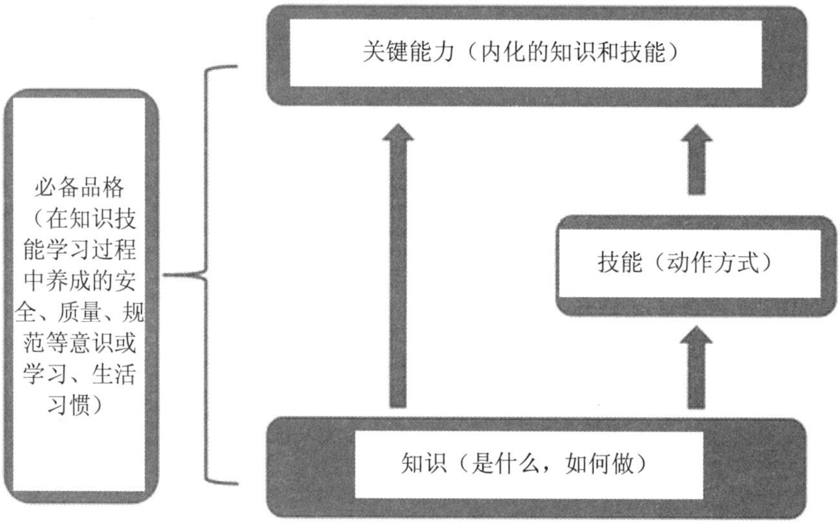

图 4.1　能力和品格的关系

电子技术应用专业关键能力是模块（组件）的应用能力，它可再分解为电路原理、电路识图、参数理解、工具应用、搭建、制作、焊接、编程、测量、调试和维修能力，如图 4.2 所示，其中电路原理、电路识图、参数理解是第一层基础能力层；工具应用、搭建、制作、焊接是第二层硬件能力层；编程是第三层软件能力层；测量、调试是第四层功能能力层；维修是第五层综合能力层。从电子产品产生过程来看，1～5 层间有纵向逻辑关系，也就是先要在基础层进行设计，再在硬件层生产产品硬件，软件层编写程序，下载程序到硬件中进行功能调整与工作状态参数测量，有故障才发生维修。尽管如此，但具有某一层的能力却不是必需的逻辑关系，比如说不会硬件电路的装配，仍可能会编程，具有编程能力。但由于中职学生培养基础能力的特点，所以 1～5 层我们都应该具有，而不专门于哪一层。

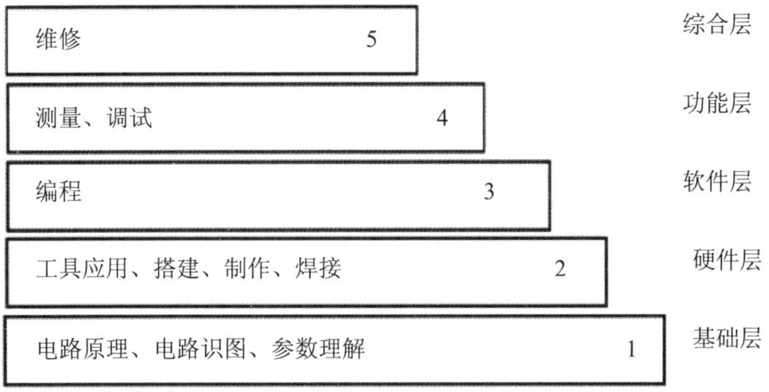

图 4.2 模块（组件）的应用能力分解

每一能力层对应若干知识技能点，分解到不同项目中，表 4.1～表 4.10 详细列出基础模块、单元模块、综合模块、自动控制模块和照明模块的知识点和技能点。

表 4.1 基础模块知识点

项目编号	项目名称	知识点名称	知识点内涵简述	能力分类
DZJC-02	直流电压和电流的概念及测量	常用数量级及其换算	p、n、μ、m、K、M 之间的换算关系	电路原理
		直流电压	直流电压文字符号和单位，直流电压真实极性和方向规定，其参考方向或极性的三种标记方法，电压正负值的含义，直流电压的图形文字标识	
		直流电流	直流电流文字符号和单位，直流电压真实方向规定，其参考方向的两种标记方法，电流正负值的含义，直流电流的图形文字标识	
		电位	电位、零电位、地、高电位、低电位，电位正负的含义	
DZJC-03	欧姆定律	关于电阻的部分电路欧姆定律	正确理解其数学表达式 $I=U/R$ 反映的数量关系、因果关系和方向关系，适用范围	
DZJC-04	电阻串联及特性	串联、电阻串联电路的规律	准确理解串联电路的结构特点，电阻串联电路在电流、电压、电阻、功率方面的规律	
DZJC-05	电阻并联及特性	并联、电阻并联电路的规律	准确理解并联电路的结构特点，电阻并联电路在电流、电压、电阻、功率方面的规律	
DZJC-08	功率	直流电路中电阻、恒流源、恒压源、实际电源的功率	$P=UI$ 成立的条件，功率 P 的正负值的含义，对纯电阻电路 $P=UI=P=U^2/R=I^2R=W/t$	
DZJC-06	节点电流定律	基尔霍夫第一定律（KCL）	适用范围，列写节点电流方程	
DZJC-07	回路电压定律	基尔霍夫二定律（KVL）	适用范围，列写回路电压方程	
DZJC-11	磁场	电转换为磁	磁场的概念、方向、磁感线；电流的磁效应、安培定则、判断直线电流、环形电流、通电螺线管的磁场	

表 4.1（续）

项目编号	项目名称	知识点名称	知识点内涵简述	能力分类
DZJC-11	磁场	磁场的主要物理量	磁感应强度 $\boldsymbol{B}$、磁通 Φ、磁导率 μ、磁场强度 $\boldsymbol{H}$、磁性材料分类	
		磁场对通电导线的作用力	左手定则、磁场对通电导线作用力判断及计算 $\boldsymbol{F}=\boldsymbol{B}IL$、洛仑兹力 $\boldsymbol{F}=Q_v\boldsymbol{B}$	
DZJC-12	电磁感应	磁场与导体相对运动时产生的电磁感应	电磁感应基本概念与现象，感应电流和电压方向判别，感应电动势计算 $E=\boldsymbol{B}Lv\sin\theta$	
		磁通量发生变化时产生的电磁感应	感应电流方向判别（楞次定律），感应电动势计算 $E=N(\Delta\phi/\Delta t)$	
		自感与互感	自感现象、$E=L(\Delta I/\Delta t)$、自感电动势的方向。互感现象、互感系数 M、$E_{21}=M(\Delta I_1/\Delta t)$、$E_{12}=M(\Delta I_2/\Delta t)$、互感电动势的方向	
DZJC-13	单相正弦交流电	单相正弦交流电瞬时值表达式	由正弦交流电压或电流瞬时值表达式，读出三要素，相位差含义及其计算	
		单相正弦交流电三要素	有效值、初相位和频率，三要素的物理意义，三要素的替代说法	
		单相正弦交流电波形图	绘制正弦交流电波形图、由波形图读取三要素	
		单相正弦交流电相量	相量图的意义及绘制方法、相量加减计算，平行四边形法则，多边形法则	
		单相正弦交流电压相关概念	瞬时值、峰峰值、有效值、最大值、交流电压图形文字标识	电路原理
		单相正弦交流电流相关概念	瞬时值、有效值、最大值、交流电流图形文字标识	
DZJC-21	变压器	单相变压器	基本结构、电压变比、对电压、电流、阻抗的变换作用，理想变压器，实际变压器，铁损、铜损，变压器的的效率；电流互感器的二次额定电流，电压互感器的二次额定电压，接地规定；钳形电流表的正确使用方法；单相自耦变压器的结构特点和使用方法。多绕组变压器的电压、电流、功率关系	
DZJC-14	*RL* 串联电路特性探研	*RL* 串联及纯电感电路分析	R、X_L、Z；U_R、U_L、U；φ；$\cos\varphi$；S、P、Q_L；阻抗三角形、阻抗角 φ、电压三角形和功率三角形。特例：电阻为零时纯电感特性	
DZJC-15	*RC* 串联电路特性探研	*RC* 串联及纯电容电路分析	R、Xc、Z；U_R、Uc、U；φ；$\cos\varphi$；S、P、QL；阻抗三角形、阻抗角 φ、电压三角形和功率三角形。特例：电阻为零时纯电容特性	
DZJC-16	*RLC* 串联电路特性探研	*RLC* 串联电路分析	R、X_L、Xc、Z；U_R、U_L、Uc、U；φ；$\cos\varphi$；S、P、Q_L；阻抗三角形、阻抗角 φ、电压三角形和功率三角形。谐振、电压谐振、谐振条件、谐振阻抗、通频带、选择性	

表 4.1（续）

项目编号	项目名称	知识点名称	知识点内涵简述	能力分类
DZJC-16	*RLC* 串联电路特性探研	单相正弦交流电路功率	$S=UI$，$P=S\cos\varphi=UI\cos\varphi$，$Q=S\sin\varphi=UI\sin\varphi$，功率Δ，各功率单位、别名、含义。功率因数的定义，物理意义，提高感性负载的功率因数的方法和若干好处	电路原理
DZJC-17	三相交流电源	三相交流对称电源	三相对称交流电动势解析式、相量图、相序、各相颜色标记、三相三（四、五）线制输电方式、三相交流电源电路，三相对称交流电源的作用；相阻抗、相线、中性点、中线、零线、工作零线、保护零线、线电压、相电压、线电流、相电流等概念的含义。低压工业供电系统和民用供电系统	
DZJC-18	对称负载	三相对称负载的两种连接方式	相电压、线电压及其大小相位关系；相电流、线电流及其大小相位关系，*P*、*Q*、*S* 计算	
DZJC-19	不对称丫星形负载	三相不对称负载丫星形连接	相电压、线电压及大小相位关系；中线作用；相电流、线电流及大小相位关系，*P*、*Q*、*S* 计算	
DZJC-20	电动机	三相交流异步电动机	电动机作用，电机结构及其作用，基本工作，旋转磁场产生及同步转速，同步转速方向决定因素，（转子）转速，转差率定义大小范围，铭牌用途与其数据符号识读计算。丫星形和△接法	
DZJC-22	数制	数制转换	十-二、二-十六相互转换	
		码制	原、反、补码；ASCII 码；8421BCD	
		数据容量	位、字节、字；数据容量单位及换算	
		二进制数算术运算	加减乘除、移位	
DZJC-23	与、与非	与逻辑和与门	与逻辑运算、典型与门电路、符号、真值表、表达式、波形图	
		非逻辑和与非门	非逻辑运算、典型非门和与非门电路、符号、真值表、表达式、波形图	
DZJC-24	或、或非	或逻辑和或门	或逻辑运算、典型或门电路、符号、真值表、表达式、波形图	
DZJC-26	逻辑函数化解	逻辑函数化简（公式法）	逻辑函数化简公式法及典型运用	
DZJC-25	逻辑分析	真值表、表达式和电路转换	真值表与表达式；表达式与电路互换	
		组合逻辑设计	表决器、4-2 线编码器	

表 4.2　基础模块技能点

项目编号	项目名称	技能点名称	技能点内涵简述	能力分类
DZJC-01	电阻器	电阻器识测	图文符号、类型、额定功率、识读标称阻值及其允许误差、阻值测量（含 THD 和 SMD）	零件识测
DZJC-09	电容器	电容器识测	图文符号、类型、识读标称容量和耐压、电容量测量、漏电击穿失效判断	零件识测
DZJC-10	电感器	电感器识测	图文符号、类型、识读标称电感量、内部开路测量（含色环电感）	
DZJC-02	直流电压和电流的概念及测量	直流电压测量	找到最佳测量点；测量并记录指定两点间电压（或某点对地电位）	测量
		直流电流测量	找准最佳测量点；测量指定点电流、量程选择、读数记录	
		交流电压测量	找准最佳测量点；测量指定点电压、量程选择、读数记录	
		交流电流测量	找准最佳测量点；测量指定点电流、量程选择、读数记录	
DZJC-04	电阻串联及特性	在路电阻测量	找准最佳测量点；测量指定点电阻、量程或倍率选择、读数记录（断电条件下）	
		导线制作与焊接	导线剥削、捻头、搪锡、焊接、线色区分	电路安装
		元件安装	元件引脚成形，立式、卧式安装，PCB 孔引脚和极性标识分辨	
DZJC-27	焊接	烙铁处理	选用、安全检查、好坏判断、烙铁芯更换、普通烙铁头打磨处理，长寿命烙铁头使用保养	焊接
		插装元件 THD 焊接	五步焊接法，规范和技巧，质量评定，以分立元件为主，机电器件为辅	
		贴片元件 SMD 焊接	0805 以上贴片元件焊接步骤、规范和技巧、质量评定，以分立元件为主	
		插装元件拆焊	拆焊步骤、规范和技巧，质量评定，以 SIP 和 DIP 封装 IC 为主	
		焊点间桥接与分离	搭接与分离步骤、规范和技巧，质量评定	
		元件布局	布局规范技术要求和技巧	
		贴片件的装与拆	贴片件拆焊，以 SOP、QFP、PLCC 封装 IC 为主	
DZJC-03	欧姆定律	电路、电器通断电规范	区分交直流、通电前测量与调压、区分极性，正确接入电源线、通电后观察与防范；断电规范	通电调试
DZJC-13	单相正弦交流电	函数信号发生器	函数信号发生器使用与调节，产生指定信号；找到最佳注入点；注入信号	测量
		波形测量与记录	找到最佳测量点；双踪数字示波器使用、测量指定点的波形的相关数据，坐标纸波形记录。从示波器显示的波形作格子波形图或坐标波形图	

表 4.3 单元模块知识点

项目编号	项目名称	知识点名称	知识点内涵简述	能力分类
DZDY-01	桥式整流电容滤波	整流滤波电路原理	电路结构、功能、工作原理、计算公式、元件选择、电路参数。半波、桥式	电路原理
DZDY-02	三端稳压	三端稳压电路原理	电路结构、功能、工作原理、计算公式、元件选择、电路参数。78、79 系列	
DZDY-12	反相输入放大器	反相输入放大电路原理	电路结构、功能、工作原理、计算公式、元件选择、电路参数	
DZDY-13	同相输入放大器	同相输入放大电路原理	电路结构、功能、工作原理、计算公式、元件选择、电路参数	
DZDY-14	加法器	差动输入放大电路原理	电路结构、功能、工作原理、计算公式、元件选择、电路参数	
DZDY-15	减法器	加法器原理	电路结构、功能、工作原理、计算公式、元件选择、电路参数	
DZDY-16	跟随器	跟随器原理	电路结构、功能、工作原理、计算公式、元件选择、电路参数	
DZDY-17	功率放大器	功率放大电路原理	电路结构、功能、工作原理、计算公式、元件选择、电路参数。乙类	
DZDY-18 DZDY-19	比较器	比较器原理	电路结构、功能、工作原理、计算公式、元件选择、电路参数。过 N、555	
DZDY-10	振荡器与脉冲	振荡器电路原理	电路结构、功能、工作原理、计算公式、元件选择、电路参数。门电路晶体	
DZDY-11	三极管与驱动	驱动电路原理	电路结构、功能、工作原理、计算公式、元件选择、电路参数。三极管驱动	
DZDY-03	编码	编码器电路原理	电路结构、功能、工作原理、元件选择、电路参数	
DZDY-04	译码	译码器电路原理	电路结构、功能、工作原理、元件选择、电路参数	
DZDY-05	数码管与显示译码	译码及显示电路原理	电路结构、功能、工作原理、计算公式、元件选择、电路参数。数码管	
DZDY-06	点阵与显示译码	点阵显示电路原理	电路结构、功能、工作原理、计算公式、元件选择、电路参数	
DZDY-07	JK 触发器与时序	触发器电路原理	电路结构、功能、工作原理、计算公式、元件选择、电路参数。JK	
DZDY-08	计数器	计数器电路原理	电路结构、功能、工作原理、计算公式、元件选择、电路参数。十进制计数	
DZDY-22	A/D	A/D 电路原理	电路结构、功能、工作原理、计算公式、元件选择、电路参数。集成	

表 4.3（续）

项目编号	项目名称	知识点名称	知识点内涵简述	能力分类
DZDY-21	D/A	D/A 电路原理	电路结构、功能、工作原理、计算公式、元件选择、电路参数。集成	电路原理
DZDY-07	JK 触发器与时序	时序逻辑	脉冲、时序图、状态转移图	
DZDY-07	JK 触发器与时序	JK 触发器原理	符号、真值表、逻辑表达式、状态图、时序图	
DZDY-08	计数器	计数器原理	符号、真值表、逻辑表达式、状态图、时序图（二十进制计数）	

表 4.4　单元模块技能点

项目编号	项目名称	技能点名称	技能点内涵简述	能力分类
DZDY-01	桥式整流电容滤波	二极管识测	符号、类型、极性、测量好坏	零件识测
DZDY-11	三极管与驱动	三极管识测	符号、类型、引脚分辨、测量好坏	
DZDY-12	反相输入放大器	集成运放识读	符号、引脚识读	
DZDY-10	振荡器与脉冲	与非门识读	符号、引脚识读	
DZDY-10	振荡器与脉冲	或非门识读	符号、引脚识读	
DZDY-07	JK 触发器与时序	JK 触发器识读	符号、引脚识读	
DZDY-08	计数器	计数器识读	符号、引脚识读	
DZDY-03	编码	编码器识读	符号、引脚识读	
DZDY-04	译码	译码器诀识读	符号、引脚识读	
DZDY-05	数码管与显示译码	显示译码器识读	符号、引脚识读	
DZDY-05	数码管与显示译码	数码管识读	符号、引脚识读	
DZDY-22	A/D	A/D 芯片识读	符号、引脚识读	
DZDY-21	D/A	D/A 芯片识读	符号、引脚识读	
DZDY-02	三端稳压	三端稳压器	符号、引脚识读	
DZDY-11	三极管与驱动	继电器识测	符号、引脚识读与判别	
DZDY-11	三极管与驱动	BELL 蜂鸣器识读	符号、引脚识读	
	ALL	拨码开关	符号、引脚识读	
	ALL	按键	符号、引脚识读	
	ALL	杜邦线	公母区分、引脚识读	
	ALL	上电规范	区分交直流、通电前测量与调压、区分极性、正确接入电源线、开电观察	通电调试
	ALL	功能判断与调整	调整产品以符合特定功能和指标	
DZDY-01	桥式整流电容滤波	搭建整流滤波电路	模拟搭建或搭建半波、桥式整流或滤波电路	电路安装
DZDY-02	三端稳压	搭建三端稳压电路	模拟搭建或搭建三端稳压和二极管稳压电路	

表 4.4（续）

项目编号	项目名称	技能点名称	技能点内涵简述	能力分类
DZDY-12～DZDY-16	放大器	搭建集成运算放大电路	模拟搭建或搭建反相输入、同相输入、加法、差动、跟随放大电路	电路安装
DZDY-17	功率放大器	搭建功率放大电路	模拟搭建或搭建功率放大电路	
DZDY-18 DZDY-19	比较器	搭建比较器电路	模拟搭建或搭建过零、过 N 比较器电路、滞回比较器	
DZDY-10	振荡器与脉冲	搭建振荡器电路	模拟搭建或搭建门电路 *RC*、门电路晶体、文氏桥振荡器电路	
DZDY-11	三极管与驱动	搭建驱动电路	模拟搭建或搭建发光二极管、继电器、声音驱动电路	
DZDY-05	数码管与显示译码	搭建译码及显示电路	模拟搭建或搭建数码管译码及显示电路	
DZDY-06	点阵与显示译码	搭建点阵显示电路	模拟搭建或搭建发光二极管点阵显示电路	
DZDY-07	JK 触发器与时序	搭建触发器电路	模拟搭建或搭建 JK 触发应用电路	
DZDY-08	计数器	搭建计数器电路	模拟搭建或搭建计数应用电路	
DZDY-03	编码	编码器电路	模拟搭建或搭建编码电路	
DZDY-04	译码	译码器诀电路	模拟搭建或搭建译码电路	
DZDY-21	D/A	搭建 D/A 电路	模拟搭建或搭建 A/D 应用电路	
DZDY-22	A/D	搭建 A/D 电路	模拟搭建或搭建 D/A 应用电路	
DZDY-01	桥式整流电容滤波	读整流滤波电路图	分辨或绘制半波、桥式整流滤波电路；找到其输入/输出端	电路识图
DZDY-02	三端稳压	读三端稳压电路图	分辨或绘制三端稳压和二极管稳压电路；找到其输入/输出端	
DZDY-12～DZDY-16	放大器	读集成运算放大电路图	分辨或绘制反相输入、同相输入、加法、差动、跟随放大电路；描述其功能作用；找到供电端、输入/输出端	
DZDY-17	功率放大器	读功率放大电路图	分辨或绘制乙类功率放大电路；找到其供电端和输入/输出端	
DZDY-18 DZDY-19	比较器	读比较器电路图	分辨或绘制过零、过 N 比较器电路；找到其供电端和输入/输出端	
DZDY-10	振荡器与脉冲	读振荡器电路图	分辨或绘制门电路 *RC*、门电路晶体、文氏桥振荡器电路；找到其供电端和输出端	
DZDY-11	三极管与驱动	读驱动电路图	分辨或绘制发光二极管、继电器、声音驱动电路；找到其供电端和输入端	
DZDY-05	数码管与显示译码	读译码及显示电路图	分辨或绘制数码管译码及显示电路；找到其供电端和输入/输出端；使能控制端	
DZDY-06	点阵与显示译码	读点阵显示电路图	分辨或绘制发光二极管点阵显示电路；找到其供电端和输入端	

表 4.4（续）

项目编号	项目名称	技能点名称	技能点内涵简述	能力分类
DZDY-07	JK 触发器与时序	读触发器电路图	分辨或绘制 JK 触发应用电路；找到其供电端和输入输出；使能控制端	电路识图
DZDY-08	计数器	读计数器电路图	分辨或绘制计数器应用电路；找到其供电端和输入/输出端；使能控制端	
DZDY-03	编码	读编码器电路	分辩编码应用电路；找到其供电端和输入/输出端；使能控制端	
DZDY-04	译码	读译码器诀电路	分辩译码应用电路；找到其供电端和输入/输出端；使能控制端	
DZDY-21	D/A	读 A/D 电路图	分辨或绘制 A/D 应用电路；找到其供电端和输入/输出端；使能控制端	
DZDY-22	A/D	读 D/A 电路图	分辨或绘制 D/A 电路；找到其供电端和输入/输出端；使能控制端	
	ALL	开路判断	电阻为∞法；有无电压比较法；有无电流比较法；信号追踪法	电路检修
	ALL	短路判断	电阻为 0 法；有无电压比较法；电流大小比较法；信号追踪法	
	ALL	模拟信号注入法	代替信号与状态观测	

表 4.5　综合模块知识点

项目编号	项目名称	知识点名称	知识点内涵简述	能力分类
DZZH-01	自动计数器	光敏传感器	光敏传感器原理	电路原理
DZZH-02	金属计件器	金属传感器	金属传感器原理	
DZZH-03	噪声报警器	声音传感器	声音传感器原理	
DZZH-04	温度报警	热敏传感器	热敏传感器原理	
	ALL	电子产品功能	电子产品的功能、结构框图与各个模块（方框）功能	
	ALL	电子产品信号	电子产品信号、信号流程分析	
	ALL	电子产品电源	电子产品电源供给	
	ALL	电子产品识图	从电子产品原理图划分功能模块、模块接口	

表 4.6　综合模块技能点

项目编号	项目名称	技能点名称	技能点内涵简述	能力分类
DZZH-01	自动计数器	光敏传感器识测	选择、测试光敏传感器	零件识测
DZZH-02	金属计件器	金属传感器识测	选择、测试金属传感器	
DZZH-03	噪声报警器	声音传感器识测	选择、测试声音传感器	
DZZH-04	温度报警	热敏传感器识测	选择、测试热敏传感器	

表 4.6（续）

项目编号	项目名称	技能点名称	技能点内涵简述	能力分类
DZZH-01	自动计数器	自动计数器识图	由自动计数器原理图识读 PCB 图，找到电路连接关系、接口和相关电参数	电路识图
DZZH-02	金属计件器	金属计件器识图	由金属计件器原理图识读 PCB 图，找到电路连接关系、接口和相关电参数	
DZZH-03	噪声报警器	噪声报警器识图	由噪声报警器原理图识读 PCB 图，找到电路连接关系、接口和相关电参数	
DZZH-04	温度报警	温度报警识图	由温度报警器原理图识读 PCB 图，找到电路连接关系、接口和相关电参数	
DZZH-01	自动计数器	自动计数器搭建	选择相关电路模块、通过端口连接，搭建自动计数器	搭建
DZZH-02	金属计件器	金属计件器搭建	选择相关电路模块、通过端口连接，搭建金属计件器	
DZZH-03	噪声报警器	噪声报警器搭建	选择相关电路模块、通过端口连接，搭建噪声报警器	
DZZH-04	温度报警	温度报警搭建	选择相关电路模块、通过端口连接，搭建温度报警	
	ALL	通电与断电	检查电路搭建正确性、确认通电条件合格，确认电源规格，按通电规范通电	通电调试
	ALL	测量与调整	模块供电测量、模块静态工作状态测量、模块输入/输出信号测量，模块工作状态调整，电路工作状态统调	
	ALL	开路判断	电阻为∞法；有无电压比较法；有无电流比较法；信号追踪法	电路检修
	ALL	短路判断	电阻为 0 法；有无电压比较法；电流大小比较法；信号追踪法	
	ALL	模拟信号注入法	代替信号与状态观测	
	ALL	信号追踪法	从前向后逐级测量输入、输出信号，找到信号断点，确定故障范围	

表 4.7 自动控制模块知识点

项目编号	项目名称	知识点名称	知识点内涵简述	能力分类
DGDQ-01	电机单向自锁（点动）运行	按钮	符号、作用、工作原理、类型、型号、主要参数	电路原理
DGDQ-01	电机单向自锁（点动）运行	保险（座）	符号、作用、工作原理、类型、型号、主要参数	
DGDQ-01	电机单向自锁（点动）运行	交流接触器	符号、作用、工作原理、类型、型号、主要参数	

表 4.7（续）

项目编号	项目名称	知识点名称	知识点内涵简述	能力分类
DGDQ-01	电机单向自锁（点动）运行	热继电器	符号、作用、工作原理、类型、型号、主要参数	电路原理
DGDQ-02	电机可逆运行（行程开关）	行程开关	符号、作用、工作原理、类型、型号、主要参数	
DGDQ-03	电机星形-三角形启动（时间继电器）	时间继电器	符号、作用、工作原理、类型、型号、主要参数	
DGDQ-05	电机单向自锁运行 PLC	24V 开关电源	符号、作用、工作原理、类型、型号、主要参数	
DGDQ-06	电机可逆运行（行程开关+光电+金属）PLC	光电传感器	符号、作用、工作原理、类型、型号、主要参数	
DGDQ-06	电机可逆运行（行程开关+光电+金属）PLC	金属传感器	符号、作用、工作原理、类型、型号、主要参数	
DGDQ-05	电机单向自锁运行 PLC	PLC 结构	符号、作用、类型、型号、主要参数	
DGDQ-09	电机单向自锁运行 PLC+触摸屏	触摸屏结构	符号、作用、类型、型号、主要参数	
DGDQ-13	电机单向自锁运行（按钮三段速）	变频器结构	符号、作用、类型、型号、主要参数	
DGDQ-01	电机单向自锁（点动）运行	接线端子	作用、类型、型号、主要参数	
DGDQ-01	电机单向自锁（点动）运行	缠绕管	作用、类型、型号、主要参数	
DGDQ-01	电机单向自锁（点动）运行	齿形线槽	作用、类型、型号、主要参数	
DGDQ-01	电机单向自锁（点动）运行	电气箱	作用、类型、型号、主要参数	
DGDQ-01	电机单向自锁（点动）运行	端子排	作用、类型、型号、主要参数	
DGDQ-01	电机单向自锁（点动）运行	号码管	作用、类型、型号、书写规范	
DGDQ-01	电机单向自锁（点动）运行	三相交流异步电动机原理	符号、作用、结构、工作原理、类型、型号、铭牌参数、接法	
DGDQ-04	双速电机运行（速度继电器）	三相交流异步双速电动机原理	符号、作用、结构、工作原理、类型、型号、铭牌参数、接法	
DGDQ-01	电机单向自锁（点动）运行	自锁运行原理	自锁工作原理	
DGDQ-01	电机单向自锁（点动）运行	点动运行原理	点动工作原理	
DGDQ-02	电机可逆运行（行程开关）	可逆运行原理	可逆运行工作原理	
DGDQ-03	电机星形-三角形启动（时间继电器）	星-三角启动原理	星-三角启动工作原理	
DGDQ-04	双速电机运行（速度继电器）	双速运行原理	双速运行工作原理	
DGDQ-01	电机单向自锁（点动）运行	接线端子端口分配表	绘制接线端子端口分配表	
DGDQ-05	电机单向自锁运行 PLC	PLC 端口分配表	绘制 PLC 端口分配表	
DGDQ-05	电机单向自锁运行 PLC	PLC 应用	PLC 电路及按逻辑功能编程（点动、自锁、定时、计数、保护）	

表 4.7（续）

项目编号	项目名称	知识点名称	知识点内涵简述	能力分类
DGDQ-09	电机单向自锁运行 PLC+触摸屏	触摸屏应用	触摸屏应用电路及按逻辑功能编程（按钮、输入框、标签、指示灯）	电路原理
DGDQ-13	电机单向自锁运行（按钮三段速）	变频器应用	变频器应用电路及参数设置（端子指令+键盘设定频率）	
DGDQ-01	电机单向自锁（点动）运行	绝缘电阻测试仪使用说明	型号、主要参数、使用方法、安全事项	
DGDQ-01	电机单向自锁（点动）运行	接地电阻测试仪使用说明	型号、主要参数、使用方法、安全事项	
DGDQ-01	电机单向自锁（点动）运行	钳形电流表使用说明	型号、主要参数、使用方法、安全事项	

表 4.8　自动控制模块技能点

项目编号	项目名称	知识点名称	知识点内涵简述	能力分类
DGDQ-01	电机单向自锁（点动）运行	按钮	识别、选择、检测、区别接线端口	元件识测
DGDQ-01	电机单向自锁（点动）运行	保险（座）	识别、选择、检测、区别接线端口	
DGDQ-01	电机单向自锁（点动）运行	交流接触器	识别、选择、检测、区别接线端口	
DGDQ-01	电机单向自锁（点动）运行	热继电器	识别、选择、检测、区别接线端口	
DGDQ-02	电机可逆运行（行程开关）	行程开关	识别、选择、检测、区别接线端口	
DGDQ-03	电机星形-三角形启动（时间继电器）	时间继电器	识别、选择、检测、区别接线端口	
DGDQ-05	电机单向自锁运行 PLC	24V 开关电源	识别、选择、检测、区别接线端口	
DGDQ-06	电机可逆运行（行程开关+光电+金属）PLC	光电传感器	识别、选择、检测、区别接线端口	
DGDQ-06	电机可逆运行（行程开关+光电+金属）PLC	金属传感器	识别、选择、检测、区别接线端口	
DGDQ-05	电机单向自锁运行 PLC	PLC 结构	识别、选择、区别接线端口	
DGDQ-09	电机单向自锁运行 PLC+触摸屏	触摸屏结构	识别、选择、区别接线端口	
DGDQ-13	电机单向自锁运行（按钮三段速）	变频器结构	识别、选择、区别接线端口	
DGDQ-01	电机单向自锁（点动）运行	接线端子	识别、选择	
DGDQ-01	电机单向自锁（点动）运行	缠绕管	识别、选择	
DGDQ-01	电机单向自锁（点动）运行	齿形线槽	识别、选择	
DGDQ-01	电机单向自锁（点动）运行	电气箱	识别、选择	
DGDQ-01	电机单向自锁（点动）运行	端子排	识别、选择	
DGDQ-01	电机单向自锁（点动）运行	号码管	识别、选择	

表 4.8（续）

项目编号	项目名称	知识点名称	知识点内涵简述	能力分类
DGDQ-01	电机单向自锁（点动）运行	三相交流异步电动机	识别、选择、检测、区别接线端口	元件识测
DGDQ-04	双速电机运行（速度继电器）	三相交流异步双速电动机	识别、选择、检测、区别接线端口	
	ALL	识读安装位置图	识读箱体安装位置和尺寸	电路识图
	ALL	识读控制箱面板图	识读元件安装位置	
DGDQ-01	电机单向自锁（点动）运行	识读自锁运行原理图	识读元件符号、元件间电路连接关系和参数	
DGDQ-01	电机单向自锁（点动）运行	识读点动运行原理图	识读元件符号、元件间电路连接关系和参数	
DGDQ-02	电机可逆运行（行程开关）	识读可逆运行原理图	识读元件符号、元件间电路连接关系和参数	
DGDQ-03	电机星形-三角形启动（时间继电器）	识读星-三角启动原理	识读元件符号、元件间电路连接关系和参数	
DGDQ-04	双速电机运行（速度继电器）	识读双速运行原理	识读元件符号、元件间电路连接关系和参数	
DGDQ-05	电机单向自锁运行 PLC	识读 PLC 单向运行控制原理图	识读元件符号、元件间电路连接关系和参数	
DGDQ-05	电机单向自锁运行 PLC	识读 PLC 点动运行控制原理图	识读元件符号、元件间电路连接关系和参数	
DGDQ-06	电机可逆运行（行程开关+光电+金属）PLC	识读 PLC 可逆运行控制原理图	识读元件符号、元件间电路连接关系和参数	
DGDQ-07	电机星形-三角形启动（定时）PLC	识读 PLC 星-三角启动控制原理图	识读元件符号、元件间电路连接关系和参数	
DGDQ-08	双速电机运行（速度传感器）PLC	识读 PLC 双速运行控制原理图	识读元件符号、元件间电路连接关系和参数	
DGDQ-09	电机单向自锁运行 PLC+触摸屏	识读 PLC 和触摸屏单向运行控制原理图	识读元件符号、元件间电路连接关系和参数	
DGDQ-09	电机单向自锁运行 PLC+触摸屏	识读 PLC 和触摸屏点动运行控制原理图	识读元件符号、元件间电路连接关系和参数	
DGDQ-10	电机可逆运行（行程开关+金属）PLC+触摸屏	识读 PLC 和触摸屏可逆运行控制原理图	识读元件符号、元件间电路连接关系和参数	
DGDQ-11	电机星形-三角形启动（时间继电器）PLC+触摸屏	识读 PLC 和触摸屏星-三角启动控制原理图	识读元件符号、元件间电路连接关系和参数	
DGDQ-12	双速电机运行（速度传感器）PLC+触摸屏	识读 PLC 和触摸屏双速运行控制原理图	识读元件符号、元件间电路连接关系和参数	

表 4.8（续）

项目编号	项目名称	知识点名称	知识点内涵简述	能力分类
DGDQ-13	电机单向自锁运行（按钮三段速）	识读电机单向自锁运行（按钮控制三段速）原理图	识读元件符号、元件间电路连接关系和参数	电路识图
DGDQ-14	电机可逆运行（三段速）PLC+变频器	电机可逆运行（三段速）PLC+变频器控制原理图	识读元件符号、元件间电路连接关系和参数	
DGDQ-15	电机可逆运行（行程开关+金属三段速）PLC+触摸屏+变频器	电机可逆运行（行程开关+金属三段速）PLC+触摸屏+变频器控制原理图	识读元件符号、元件间电路连接关系和参数	
DGDQ-01	电机单向自锁（点动）运行	安装自锁运行电路	安装接触器控制自锁单向运行电路	电路安装
DGDQ-01	电机单向自锁（点动）运行	安装点动运行电路	安装接触器控制点动单向运行电路	
DGDQ-02	电机可逆运行（行程开关）	安装可逆运行电路	安装接触器控制互锁可逆运行电路	
DGDQ-03	电机星形-三角形启动（时间继电器）	安装星形-三角形启动原理	安装接触器控制星形-三角形运行电路	
DGDQ-04	双速电机运行（速度继电器）	安装双速运行原理	安装接触器控制双速单向运行电路	
DGDQ-05	电机单向自锁运行 PLC	安装 PLC 单向运行控制电路	安装 PLC 控制自锁单向运行电路	
DGDQ-06	电机可逆运行（行程开关+光电+金属）PLC	安装 PLC 可逆运行控制电路	安装 PLC 控制互锁可逆运行电路	
DGDQ-07	电机星形-三角形启动（定时）PLC	安装 PLC 星形-三角形启动控制电路	安装 PLC 控制星形-三角形运行电路	
DGDQ-08	双速电机运行（速度传感器）PLC	安装 PLC 双速运行控制电路	安装 PLC 控制双速单向运行电路	
DGDQ-09	电机单向自锁运行 PLC+触摸屏	安装 PLC 和触摸屏单向运行控制电路	安装 PLC 和触摸屏控制自锁单向运行电路	
DGDQ-10	电机可逆运行（行程开关+金属）PLC+触摸屏	安装 PLC 和触摸屏可逆运行控制电路	安装 PLC 和触摸屏控制互锁可逆运行电路	
DGDQ-11	电机星形-三角形启动（时间继电器）PLC+触摸屏	安装 PLC 和触摸屏星形-三角形启动控制电路	安装 PLC 和触摸屏控制星形-三角形运行电路	
DGDQ-12	双速电机运行（速度传感器）PLC+触摸屏	安装 PLC 和触摸屏双速运行控制电路	安装 PLC 和触摸屏控制双速单向运行电路	
DGDQ-13	电机单向自锁运行（按钮三段速）	安装电机单向自锁运行（按开关制变频器三段速）电路	安装电机单向自锁运行（用开关控制变频器实现三段速）电路	

表 4.8（续）

项目编号	项目名称	知识点名称	知识点内涵简述	能力分类
DGDQ-14	电机可逆运行（三段速）PLC+变频器	安装电机可逆运行（三段速）PLC+变频器控制电路	安装电机单向自锁运行（用 PLC 控制变频器实现三段速）电路	电路安装
DGDQ-15	电机可逆运行（行程开关+金属三段速）PLC+触摸屏+变频器	安装电机可逆运行（行程开关+金属三段速）PLC+触摸屏+变频器控制电路	安装电机可逆运行（用 PLC 和触摸屏控制变频器实现三段速）电路	
DGDQ-01	电机单向自锁（点动）运行	接线端子制作	制作管形、U 形、O 形接线端子	
DGDQ-01	电机单向自锁（点动）运行	齿形线槽安装	按给定尺寸制作并安装行线槽	
DGDQ-01	电机单向自锁（点动）运行	号码管制作	裁剪号码管、放置并书写号码	
	ALL	试测绝缘	绝缘电阻测试测绝缘	电路测量
	ALL	测量接地连续性	接地电阻测试仪测接地连续性	
	ALL	测工作电流	钳形电流表测工作电流	
	ALL	测工作电压	万用表测工作电压	
	ALL	漏电保护试验	漏电保护试验	

表 4.9　照明模块知识点

项目编号	项目名称	知识点名称	知识点内涵简述	能力分类
DGZM-02	单灯单控+插座	PVC 线管原理	线管型号、表示法、选择依据	电路原理
DGZM-01	照明配电	空开原理	空开分类、符号、参数、选择依据	
DGZM-01	照明配电	BV 线原理	BV 线含义、符号、参数、选择依据、线色	
DGZM-02	单灯单控+插座	BVL 线原理	BVL 线含义、符号、参数、选择依据	
DGZM-03	单灯双控+插座	RV 线原理	RV 线含义、符号、参数、选择依据	
DGZM-01	照明配电	照明箱原理	照明箱型号、符号、参数	
DGZM-02	单灯单控+插座	单控开关原理	单控开关型号、符号、参数、选择依据	
DGZM-03	单灯双控+插座	双控开关原理	双控开关型号、符号、参数、选择依据	
DGZM-02	单灯单控+插座	普通插座原理	普通插座型号、符号、参数、选择依据	
DGZM-03	单灯双控+插座	空调插座原理	空调插座型号、符号、参数、选择依据	
DGZM-02	单灯单控+插座	线盒（底盒）原理	线盒型号、参数	
DGZM-02	单灯单控+插座	杯梳原理	杯梳识别、选择	
DGZM-02	单灯单控+插座	灯座原理	灯座型号、参数	
DGZM-02	单灯单控+插座	灯原理	灯分类、符号、参数	
DGZM-01	照明配电	线路工作电流工程计算	铜芯和铝芯线允许通过的安全电流工程估算	
DGZM-02	单灯单控+插座	单灯控制电路设计	单灯控制电路设计	
DGZM-03	单灯双控+插座	单灯双控电路设计	插座电路设计	

表 4.9（续）

项目编号	项目名称	知识点名称	知识点内涵简述	能力分类
DGZM-01	照明配电	电源配电电路设计	单灯双控电路设计	电路原理
DGZM-02	单灯单控+插座	单灯控制电路原理	单灯控制电路工作原理	
DGZM-02	单灯单控+插座	插座电路原理	插座电路工作原理	
DGZM-03	单灯双控+插座	单灯双控电路原理	单灯双控电路工作原理	
DGZM-01	照明配电	电源配电电路原理	电源配电电路工作原理	
	ALL	照明造价	照明电路造价方法	
	ALL	照明电路验收	验收项目、指标及用途（选材、漏电保护、极性、工艺、电路正确性、负载情况、光特性）	

表 4.10　照明模块技能点

项目编号	项目名称	技能点名称	技能点内涵简述	能力分类
DGZM-02	单灯单控+插座	PVC 线管技能	PVC 线管弯管、成型	电路安装
DGZM-01	照明配电	空开技能	空开安装与接线	
DGZM-01	照明配电	BV 线技能	开线、剥削和工艺	
DGZM-02	单灯单控+插座	BVL 线技能	开线、剥削和工艺	
DGZM-03	单灯双控+插座	RV 线技能	开线、剥削和工艺	
DGZM-01	照明配电	照明箱技能	识图、箱体固定、元件安装、接线	
DGZM-02	单灯单控+插座	单控开关技能	开关固定、接线	
DGZM-03	单灯双控+插座	双控开关技能	开关固定、接线	
DGZM-02	单灯单控+插座	普通插座技能	插座固定、接线	
DGZM-03	单灯双控+插座	空调插座技能	插座固定、接线	
DGZM-02	单灯单控+插座	线盒（底盒）技能	开关固定	
DGZM-02	单灯单控+插座	杯梳技能	杯梳连接	
DGZM-02	单灯单控+插座	灯座技能	开关固定、接线	
DGZM-02	单灯单控+插座	灯技能	开关固定、接线	
DGZM-02	单灯单控+插座	单灯单控电路技能	识图、元件安装、接线	
DGZM-02	单灯单控+插座	插座电路技能	识图、元件安装、接线	
DGZM-03	单灯双控+插座	单灯双控电路技能	识图、元件安装、接线	
DGZM-01	照明配电	电源配电电路技能	识图、元件安装、接线	
DGZM-02	单灯单控+插座	单灯单控电路造价	单灯单控电路价格预算	造价
DGZM-03	单灯双控+插座	单灯双控电路造价	单灯双控电路价格预算	
DGZM-01	照明配电	电源配电电路造价	电源配电电路价格预算	
	ALL	照明电路验收	选材、漏电保护、极性、工艺、电路正确性、负载情况、光特性检查	验收
	ALL	功能检测	灯受控检查，插座通电情况检查	
	ALL	照明电路维修	万用表电压法、验电法、电阻法	电路检修

第5章 项目规划书

本项目规划书主要分为五大部分：基础模块项目规划书、单元模块项目规划书、综合模块项目规划书、自动控制模块项目规划书和照明模块项目规划书。该项目规划书主要参考以下几类文件。

1. 教育领域教育教学标准

（1）教育部颁专业标准：《电子技术应用专业标准》《电子与信息技术专业标准》《电子电器应用与维修专业标准》。

（2）教育部颁课程标准：《电子技术基础与技能教学大纲》《电工技术基础与技能教学大纲》。

（3）全国职业院校学生技能大赛标准：《电子电路装调与应用》《电气安装与维修》《机电一体化设备安装与调试》《单片机装置安装与调试》比赛标准。

2. 产业领域技术标准

（1）国家标准：

——GB/T 4728—2018 电气简图用图形符号

——GB/T 18290—2000 无焊连接

——GB/T 19247—2003 印刷板组装

——GB/T 19405—2003 表面安装技术

——GB 2893—2008 安全色

——GB 2893—2008 安全标志及其使用导则

——GB 12158—2006 防止静电事故通用导则

——GB 26859—2011 电力安全工作规程

——GB50303—2002 建筑电气工程施工质量验收规范

——GJB 3007A—2009 防静电工作区技术要求

——GB 50073—2013 洁净厂房设计规范

（2）行业标准：

——IPC J-STD-001G 电气、电子组件焊接技术要求

——IPC-A-610G 电子组装的可接受条件

——IPC-7711C 电子组件的返修

——IPC-7721C 印制板和电子组件的修理和调整

3. 行业企业用人标准

教育和人社颁发职业资格工种：

——传感网应用开发职业技能等级标准

——光伏电站运维职业技能等级标准

——集成电路开发与测试职业技能等级标准

——物联网智能家居系统集成和应用职业技能等级标准

——智能新能源汽车“1+X”证书制度职业技能等级标准

——5G 基站建设与维护职业技能等级标准

——5G 移动网络运维职业技能等级标准

——半导体分立器件和集成电路装调工

——半导体芯片制造工

——变压器互感器制造工

——电工

——广电和通信设备调试工

——制冷和空调系统安装维修工

——智能楼宇管理员

——电子产品制版工

——高低压电器及成套设备装配工

4. 法律法规

《中华人民共和国安全生产法》《中华人民共和国职业教育法》。

一、基础模块项目规划书（见表 5.1）

表 5.1　基础模块项目规划书

项目编号	项目名称	项目概述	参考课时	任务编号	任务名称	任务概述	节段编号	教学节段	预设课时	包含知识点	包含技能点
DZJC-01	电阻器	主要知识：电阻器的认识和电阻定律的应用。主要技能：识读各种类型电阻阻值并用万用表测量其阻值。关键能力：应用电阻定律解决实际问题和使用万用表测量电阻值。必备品格：规范使用万用表	9～10	01	认识电阻器	本任务 3 个教学节段，主要学习电阻的概念、电阻器的作用和分类	01	电阻的概念	0.5	电阻的概念、电阻符号、单位及单位换算	
							02	电阻器的作用	0.5	电阻器在一般电路及特殊功能性电路中的作用	
							03	电阻器的分类	0.5	电阻器按制造材料和特性分类	
							04E	任务检测			
				02	影响电阻值大小因素	（1）理解电阻定律公式中相关物理量对电阻值影响，掌握电阻定律；（2）了解温度对电阻阻值的影响	01	电阻定律理解	1	$R=\rho L/S$ 各物理量理解、单位及换算	
							02	电阻定律掌握	1	$R=\rho L/S$ 及其变形式计算。在实际生活中的故障分析及应用	
							03	温度对电阻阻值影响	1	温度对导体电阻、合金电阻等的影响	
							04E	任务检测			
				03	电阻器的识读和测量	（1）电阻器的主要参数认识；（2）电阻识读；（3）万用表测量电阻器阻值	01	电阻器主要参数	0.5	电阻器主要参数：标称阻值、允许误差、额定功率	
							02	电阻识读	1	色环电阻、数码标识电阻、直标电阻识、贴片电阻识读	
							03	万用表测量阻值	1	万用表测定值电阻、可变电阻、热敏电阻、已损坏电阻	万用表测电阻器阻值
							04E	任务检测			
				04E	项目考核	考核电阻器所有知识技能			2	全部	全部

表 5.1（续）

项目编号	项目名称	项目概述	参考课时	任务编号	任务名称	任务概述	字段编号	教学节段	预设课时	包含知识点	包含技能点
DZJC-02	直流电压和电流概念及测量	主要知识：直流电压、直流电流概念及万用表测直流电压电流理论。主要技能：万用表测电压电流操作。关键能力：熟练测量直流电压和直流电流。必备品格：规范上电和规范使用万用表	9～10	01	直流电压概念	理解电压及直流电压概念，掌握直流电压的应用	01	电压概念	0.5	电压概念、符号及单位换算	
							02	直流电压概念	0.5	直流电压大小和方向	
							03	生活中的直流电压	0.5	直流电压在生活中的应用	
							04E	任务检测	0		
				02	直流电压测量	测量直流电压源及在路电压	01	直流电压的测量方法	1	测量直流电压的方法	直流电压的测量
							02	在路直流电压测量	1	测在路直流电压，找测试点	在路直流电压测量
							03E	任务检测	0		
				03	直流电流概念	电流、直流电流概念及直流电流生活中应用	01	电流概念及形成条件	0.5	电流概念、形成条件、符号及单位换算	
							02	直流电流概念	0.5	直流电流的大小和方向	
							03	生活中的直流电流	0.5	直流电流在生活中的应用	
							04E	任务检测	0		
				04	直流电流测量	直接及间接测量直流电流	01	搭建电路，用万用表直接测量直流电流	1	测量在路直流电流	直流电流测量
							02	搭建电路，用欧姆定律间接测量直流电流	1	测量电路中 U 和 R，在根据欧姆定律 $I=U/R$ 计算出 I	电阻、直流电压测量
							03E	任务检测	0		
				05E	项目考核	考核直流电压和电流概念及测量所有知识技能			2	全部	全部

表 5.1（续）

项目编号	项目名称	项目概述	参考课时	任务编号	任务名称	任务概述	节段编号	教学节段	预设课时	包含知识点	包含技能点
DZJC-03	欧姆定律	主要知识：欧姆定律和万用表测电压、电流和电阻理论。主要技能：万用表测电压、电流和电阻的操作。关键能力：应用欧姆定律解决实际问题和使用万用表测量电压、电流和电阻。必备品格：规范上电和规范使用万用表	9～10	01	认识欧姆定律	本任务3个教学节段，主要学习欧姆定律的概念，单位及换算，公式变形	01	欧姆定律概念	0.5	欧姆定律概念	
							02	欧姆定律涉及单位及单位换算	0.5	电压标准单位，电流标准单位，电阻标准单位，单位换算通则及换算	
							03	欧姆定律公式及变换	0.5	$I=U/R$、$U=IR$、$R=U/I$	
							04E	任务检测	0		
				02	欧姆定律直接应用	应用欧姆定律公式：$I=U/R$，$U=IR$，$R=U/I$	01	测量 U 和 R，计算 I，对比理论计算情况	1	保持 R 不变，改变 U 大小，验证 I 与 U 之间的正比关系	直流电压测量，电阻器测量
							02	测量 I 和 R，计算 U，对比理论计算情况	1	保持 U 不变，改变 R 大小，验证 I 与 R 之间的正比关系	直流电流测量，电阻器测量
							03	测量 U 和 I，计算 R，对比理论计算情况	1	$R=U/I$	直流电压测量，直流电流测量
							04E	任务检测	0		
				03	欧姆定律广义应用	欧姆定律用于电阻性负载、电阻性网络性负载、判别短路	01	欧姆定律用于电阻性负载（单独电阻）	0.5	依据设计情况选用 $I=U/R$、$U=IR$、$R=U/I$	
							02	欧姆定律用于网络负载（二端网络）	0.5	依据设计情况选用 $I=U/R$、$U=IR$、$R=U/I$	
							03	大电流与短路判别	1	短路电流估算	直流电流测量，电阻器测量
							04E	任务检测	0		
				04E	项目考核	考核欧姆定律所有知识技能			2	全部	全部

表 5.1（续）

项目编号	项目名称	项目概述	参考课时	任务编号	任务名称	任务概述	节段编号	教学节段	预设课时	包含知识点	包含技能点
DZJC-04	电阻串联	主要知识：电阻串联电路的性质和作用以及万用表测电压、电流和电阻的理论。主要技能：万用表测电压、电流和电阻的操作。关键能力：应用电阻串联解决实际问题和使用万用表测量电压、电流和电阻。必备品格：规范上电和规范使用万用表	7～8	01	认识电阻串联电路及特点	本任务3个教学节段，主要学习电阻串联电路的概念及电路特点	01	电阻串联概念	0.5	电阻串联概念	
							02	绘制电阻串联电路及认识生活中常用串联电路	0.5	识别生活中常用串联电路，能绘制电阻串联电路	
							03	电阻串联电路特点	2	电阻串联电路中电阻、电压、电流的特点，结合欧姆定律会计算等效电阻、电压及电功率	
							04E	任务检测	0		
				02	电阻串联电路搭建及参数验证	搭建电阻串联电路并测量电路中电阻、电压、电流参数	01	测量电阻，对比理论计算情况	1	$R=R_1+R_2$	电阻器测量
							02	测量电压，对比理论计算情况	0.5	$U=U_1+U_2$	直流电压测量
							03	测量电流，对比理论计算情况	0.5	$I=I_1=I_2$	直流电流测量
							04E	任务检测	0		
				03E	项目考核	考核电阻串联所有知识技能			2	全部	全部
预设教学课时									7		

表 5.1（续）

项目编号	项目名称	项目概述	参考课时	任务编号	任务名称	任务概述	节段编号	教学节段	预设课时	包含知识点	包含技能点
DZJC-05	电阻并联	主要知识：电阻并联电路的性质和作用以及万用表测电压、电流和电阻的理论。主要技能：万用表测电压、电流和电阻的操作。关键能力：应用电阻并联解决实际问题和使用万用表测量电压、电流和电阻。必备品格：规范上电和规范使用万用表	7～8	01	认识电阻并联电路	本任务 2 个教学节段，主要学习电阻并联电路的概念，认识生活中常用并联电路	01	电阻并联概念	0.5	电阻并联概念	
							02	能绘制并联电路及认识生活中常用并联电路。	0.5	识别生活中常用并联电路，能绘制电阻并联电路	
							03E	任务检测	0		
				02	探究电阻并联电路的特点	搭建两个电阻并联电路，探究电阻并联电路中电压、电阻、电流、功率参数	01	任取 3 组电压值，数字万用表测量 3 处电压值，得出电压关系	1	$U=U_1=U$	直流电压测量
							02	任取 3 组电压值，数字万用表测量 3 处电流值，得出电流关系	1	$I=I_1+I_2$	直流电流测量
							03	由电压关系、电流关系及欧姆定律推导出电阻关系	0.5	$R=R_1R_2/(R_1+R_2)$	
							04	推导出分流公式及两个电阻并联功率关系	0.5	$P=P_1+P_2$	
							05E	任务检测	0		
				03	电阻并联电路应用	电阻并联电路特点的应用及相关计算	01	电阻并联电路的特点应用及相关计算	1	电阻并联电路特点结合欧姆定律相关应用及计算	
							02E	任务检测	0		
				04E	项目考核	考核电阻并联所有知识技能			2	全部	全部
预设教学课时									7		

表 5.1（续）

项目编号	项目名称	项目概述	参考课时	任务编号	任务名称	任务概述	节段编号	教学节段	预设课时	包含知识点	包含技能点
DZJC-06	节点电流定律	主要知识：节点电流定律和万用表测电流理论。主要技能：万用表测电流操作。关键能力：应用节点电流定律解决实际问题和使用万用表测量电流。必备品格：规范上电和规范使用万用表	7～8	01	认识节点电流定律	学习复杂电路、节点电流定律概念及节点电流定律表达式	01	复杂电路认识	0.5	认识复杂电路、支路、节点、回路、网孔	
							02	节点电流定律概念	0.5	节点电流定律概念	
							03	节点电流定律表达式	0.5	$\Sigma I_{入}=\Sigma I_{出}$或$\Sigma I=0$	
							04E	任务检测			
				02	节点电流定律应用	应用节点电流定律：$\Sigma I_{入}=\Sigma I_{出}$或$\Sigma I=0$	01	节点电流定律应用注意事项	1	电流参考方向、正负号含义	
							02	节点电流定律的基本应用	1	节点电流定律应用于线性和非线性电路中	
							03	节点电流定律的扩展应用	1	节点电流定律应用于电路的任意封闭面	
							04E	任务检测			
				03	验证节点电流定律	搭建电路，验证节点电流定律	01	搭建两个电阻并联电路，验证节点电流定律	0.5	测量分电流及总电流值，验证$\Sigma I_{入}=\Sigma I_{出}$即$I=I_1+I_2$	直流电流测量
							02	搭建双电源两网孔电路，验证节点电流定律	1	假定电流参考方向，任选节点测量支路电流验证$\Sigma I=0$	直流电流测量
							03E	任务检测			
				04E	考核	节点电流定律所有知识技能			2	全部	全部
预设教学课时									8		

表 5.1（续）

项目编号	项目名称	项目概述	参考课时	任务编号	任务名称	任务概述	节段编号	教学节段	预设课时	包含知识点	包含技能点
DZJC-07	回路电压定律	主要知识：回路电压定律和万用表测电压理论。主要技能：万用表测电压操作。关键能力：回路电压定律解决复杂电路的计算和使用万用表测量电压。必备品格：规范上电和规范使用万用表	9～10	01	认识回路电压定律	学习回路电压定律概念及回路电压定律表达式	01	回路电压定律概念	0.5	回路电压定律概念	
							02	回路电压定律表达式	1	$\Sigma U=0$ 或 $\Sigma RI=\Sigma E$	
							03E				
				02	回路电压定律应用	应用回路电压定律：$\Sigma U=0$ 或 $\Sigma RI=\Sigma E$	01	回路电压定律应用注意事项	0.5	电压、电流与回路绕行方向	
							02	回路电压定律在线性和非线性电路中应用	1	回路电压定律应用于线性和非线性电路中	
							03	回路电压定律在直流和交流电路中应用	1	回路电压定律应用于直流和交流电路中	
							04E				
				03	验证回路电压定律	搭建电路，验证回路电压定律	01	万用表测各支路电压	1	万用表测电压值	
							02	实测值与计算理论值比较	0.5	实验值与理论值的对比	直流电压测量
							03	计算回路电压降值	1	各回路电压值 $\Sigma U=0$	
							04E				
				04E	考核	回路电压定律所有知识技能			2	全部	全部

表 5.1（续）

项目编号	项目名称	项目概述	参考课时	任务编号	任务名称	任务概述	节段编号	教学节段	预设课时	包含知识点	包含技能点
DZJC-08	功率	主要知识：电功、电功率概念及二者关系式；电功率计算式。主要技能：万用表测电压、电流和电阻操作。关键能力：应用电功率计算式解决实际问题和使用万用表测量电压电流和电阻。必备品格：规范上电和规范使用万用表	7～8	08-01	认识电功和电功率	理解电功、电功率概念，掌握电功及电功率关系式	01	电功概念	0.5	电功符号、单位及单位换算	
							02	电功率概念	0.5	电功率符号、单位及单位换算	
							03	电功和电功率关系式	0.5	$W=Pt$ 及变形式计算	
							04E	任务检测			
				08-02	电功率的计算	对电功率计算式理解及计算式应用	01	电功率计算公式理解	1	$P=UI$，$P=I^2R$，$P=U^2/R$	
							02	电功率计算公式应用	1	已知 R、I、U 中任意两个时，从 $P=UI$，$P=I^2R$，$P=U^2/R$ 中选择合适的公式去计算功率	
							03E	任务检测			
				08-03	识测电阻器功率	搭建电路，测量电阻器实际功率并与电阻器标称功率比较	01	识别电阻器标称功率	0.5	识别常见电阻器的标称功率	
							02	测量电阻器实际功率	1	测量电阻器的电阻值、流过的电流和两端的电压，能把测量值代入从 $P=UI$,$P=I^2R$,$P=U^2/R$ 中选择合适的公式去计算得到电阻器的实际消耗功率	电阻测量、直流电压、直流电流测量
							03	实测功率与标称功率比较	0.5	比较电阻器的实际消耗功率和标称功率大小。观察实际功率大于（小于）现象并理解过载、轻载含义	
							04E	任务检测			
				08-04	功率考核	功率所有知识技能			2	全部	全部

表 5.1（续）

项目编号	项目名称	项目概述	参考课时	任务编号	任务名称	任务概述	节段编号	教学节段	预设课时	包含知识点	包含技能点
DZJC-09	电容器	主要知识：电容概念、电容器参数及计算。主要技能：识读固定电容器，应用万用表测电容器容量，并判断好坏。关键能力：使用万用表测量电容器容量并判断好坏。必备品格：规范使用万用表	9～10	01	认识电容器	学习电容器概念、作用及分类	01	电容概念	0.5	概念、符号、单位及单位换算	
							02	电容器作用	0.5	耦合、滤波、谐振、旁路等作用	
							03	电容器分类	0.5	按结构、电解质、用途、材料等分类	
							04E	任务检测			
				02	电容器参数及计算	认识电容器相关参数，掌握电容器定义式及决定式	01	电容器参数	0.5	标称电容量、耐压值、绝缘电阻	
							02	电容定义式 $C=Q/U$	0.5	$C=Q/U$ 各物理量单位、公式计算及应用	
							03	电容决定式 $C=\varepsilon S/d$	0.5	$C=\varepsilon S/d$ 各物理量单位、公式计算及应用	
							04E	任务检测			
				03	固定电容器识测	识别和测量固定电容量电容器	01	电解电容识读和测量	1	容量、耐压识读；万用表测量容量及判断好坏法	电解电容容量、耐压识读；万用表测量容量及判断好坏
							02	瓷片电容识读	0.5	容量识读法	瓷片电容容量识读
							03	贴片电容识读	0.5	直标、数码、色环识读法	贴片电容直标、数码、色环识读
							04E	任务检测			
				04	搭建电路，观察电容器充放电现象	搭建电路，通过实验现象得出电容器充放电过程中电流、电压的变化规律	01	电容器充电过程现象	1	观察充电过程指示灯、电压表、电流表变化，得出电流、电压的变化规律	
							02	电容器放电过程现象	1	观察放电过程中指示灯、电压表、电流表变化，得出电流、电压的变化规律	
							03E	任务检测			
				05	电容器常见故障及处理	掌握电容器常见故障原因及处理方法	01	电容器常见故障	0.5	正负极性接反、外壳膨胀、内部声音异常、外壳温度升高等	
							02	电容器常见故障处理	0.5	正负极正确安装、断电等方法	
							03E	任务检测			
				06E	项目考核	考核电容器所有知识技能			2	全部	全部

表 5.1（续）

项目编号	项目名称	项目概述	参考课时	任务编号	任务名称	任务概述	节段编号	教学节段	预设课时	包含知识点	包含技能点
DZJC-10	电感器	主要知识：电感器的认识和线圈电感的计算公式。万用表测电感操作。主要技能：识读各种类型感器电感值并用万用表测量其电感量。关键能力：使用万用表测量电感值。必备品格：规范使用万用表	9～10	01	认识电感器	本任务 3 个教学节段，主要学习电阻的概念、电阻器的作用和分类	01	电感的概念	0.5	电感的概念、符号、单位及单位换算	
							02	电感的应用	0.5	电感特性制造阻流圈、变压器、继电器、电感为储能元件	
							03	电感器的功能及作用	1	电感器在电路中滤波、振荡、延迟、陷波及通直阻交作用	
							04	电感器的分类	0.5	电感器按电感形式、磁体性质、结构特点分类	
							05E	任务检测			
				02	线圈电感的计算	线圈电感计算公式：$L=\mu N^2S/l$	01	影响线圈电感大小的物理量	0.5	线圈尺寸、匝数及媒介质磁导率对电感大小的影响	
							02	线圈电感计算式	1	$L=\mu N^2S/l$	
							03	电流对线圈电感的影响	0.5	电流有无及电流的大小对线圈电感无影响	
							04E	任务检测			
				03	电感器的识读和测量	认识电感器的主要参数、电感器识读及万用表测量电感器	01	电阻器主要参数	0.5	电感器主要参数：电感量、允许偏差、品质因素、额定电流	
							02	电感器识读	0.5	直标电感器、色标电感器识读	
							03	万用表测量电感	1	万用表测定值电感器、可变电感器	万用表测电感值
							04	电感器好坏判断	1	万用表读数偏大或为无穷大则表示电感损坏	
							05E	任务检测			
				04E	项目考核	考核电感器所有知识技能			2	全部	全部

表 5.1（续）

项目编号	项目名称	项目概述	参考课时	任务编号	任务名称	任务概述	节段编号	教学节段	预设课时	包含知识点	包含技能点
DZJC-11	磁场	主要知识：认识磁场及磁场的主要物理量，会判断电流的磁场及磁场对通电导线的作用力。主要技能：关键能力：必备品格：	9～10	01	认识磁场	认识磁场，掌握磁场方向及利用磁感线表示磁场方向	01	磁场的概念	0.5	传递实物间磁力作用的场	
							02	磁场方向	0.5	小磁针静止时N极所指向的方向	
							03	磁感线	0.5	磁感线表示各点的磁场方向	
							04E	任务检测			
				02	电流的磁场	学习电流的磁效应，应用安培定则（右手螺旋法则）判断电流的磁场	01	电流的磁效应	0.5	电流周围产生磁场	
							02	安培定则	0.5	安培定则判断方法	
							03	判断直线电流、环形电流、通电螺线管的磁场	0.5	应用安培定则判断直线电流、环形电流、通电螺线管的磁场	
							04E	任务检测			
				03	磁场的主要物理量	认识磁感应强度、磁通、磁导率、磁场强度的概念，掌握相关计算公式	01	磁感应强度	0.5	概念、符号、单位、$\boldsymbol{B}=\boldsymbol{F}/IL$计算及应用	
							02	磁通	0.5	概念、符号、单位、公式计算及应用	
							03	磁导率	0.5	概念、符号、单位、公式及应用	
							04	磁场强度	0.5	概念、符号、单位、公式及应用	
							05E	任务检测			
				04	磁场对通电导线的作用力	应用左手定则判断磁场对通电导线的作用力，了解电流表工作原理	01	左手定则	0.5	左手定则判断方法	
							02	磁场对通电导线作用力判断及计算	1	左手定则判断磁场对通电导线作用力，$\boldsymbol{F}=\boldsymbol{B}IL\sin\theta$	
							03	洛仑兹力 $\boldsymbol{F}=Q_v\boldsymbol{B}$		带电粒子受力大小与偏转方向	
							04E	任务检测			
				05	项目考核	考核磁场所有知识技能			2	全部	全部

表 5.1（续）

项目编号	项目名称	项目概述	参考课时	任务编号	任务名称	任务概述	节段编号	教学节段	预设课时	包含知识点	包含技能点
DZJC-12	电磁感应	磁场与导体相对运动时产生的电磁感应，磁通量发生变化时产生的电磁感应，自感与互感		01	磁场与导体相对运动时产生的电磁感应	磁场与导体相对运动，产生的感应电流及感应电动势	01	电磁感应基本概念与现象	0.5	磁场产生电流的现象	
							02	感应电流方向判别	1	右手定则概念及应用	
							03	感应电动势计算	1	$E=BL_v\sin\theta$公式变形及应用	
							04E	任务检测			
				02	磁通量发生变化时产生的电磁感应	磁通量发生变化时，产生的感应电流及感应电动势	01	感应电流方向判别	1	磁通变化产生感应电流现象，楞次定律概念及应用	
							02	感应电动势计算	1	电磁感应定律概念、公式及应用、$E=N$（$\Delta\phi/\Delta t$）	
							03E	任务检测			
				03	自感与互感	自（互）感现象与电动势	01	自感	1	自感现象、自感系数 L、$E=L$（$\Delta I/\Delta t$）、自感电动势的方向。自感现象的应用与消除	
							02	互感	1	互感现象、互感系数 M、$E_{21}=M$（$\Delta I_1/\Delta t$）、$E_{12}=M$（$\Delta I_2/\Delta t$）、互感电动势的方向	
							03E	任务检测			
				04E	项目考核	电磁感应所有知识技能			2	全部	全部
DZJC-13	单相正弦交流电	单相正弦交流电瞬时值表达式、三要素、波形图、相量、单相正弦交流电压和电流相关概念		01	表征交流电的物理量	学习表征交流电的物理量	01	单相正弦交流电概念		了解交流电的产生及变化规律，掌握交流电的概念	
							02	表征交流电变化快慢物理量	0.5	T、f、ω $T=1/f$ $\omega=2\pi f=2\pi/T$	
							03	表征交流电值的物理量	0.5	瞬时值、最大值、有效值；最大值与有效值之间的关系	
							04	表征交流电变化步调的物理量	0.5	相位、初相位和相位差	
							05	交流电的三要素	0.5	有效值、频率、初相	
							06E	任务检测			
				02	正弦交流电的表示法	掌握交流电的表示方法	01	解析式	1	据交流电三要素写解析式；据解析式写三要素	
							02	波形图	1	据解析式画波形图；据波形图写解析式	
							03	相量图	1	据解析式画相量图；据相量图写解析式	
							04E	任务检测			
				03E	项目考核	考核直流电压和电流概念及测量所有知识技能			2	全部	全部

表 5.1（续）

项目编号	项目名称	项目概述	参考课时	任务编号	任务名称	任务概述	节段编号	教学节段	预设课时	包含知识点	包含技能点
DZJC-14	*RL* 串联电路特性探究	主要知识：*RL* 串联电路概念，电路端电压与电流相位及大小关系，相关功率计算。主要技能：万用表测交流电压。关键能力：使用万用表测量交流电压，从测探究出数量关系。必备品格：规范使用万用表	9～10	01	认识 *RL* 串联电路	学习 *RL* 串联电路，了解 *RL* 串联电路应用	01	*RL* 串联电路概念	0.5	电阻和电感串联所组成的电路	
							02	识别并绘制电路图	0.5	能识别并绘制电路图	
							03	*RL* 串联电路应用	0.5	荧光灯电路	
							04E	任务检测			
				02	电路端电压与电流的关系	绘制电路端电压与电流的相量图并计算端电压与电流大小关系	01	端电压与电流的相位关系	0.5	画相量图；电压超前电流ϕ；电路呈电感性	
							02	端电压与电流的大小关系	1	阻抗及阻抗角ϕ理解及计算、$I=U/Z$ 计算及变形应用	
							03E	任务检测			
				03	探究端电压与分电压的关系	搭建电路，万用表测交流电压，探究端电压与各分电压关系	01	搭建 *RL* 串联电路，测量端电压与 *R*、*L* 上电压，得出关系式	2	万用表测电路端电压与分电压，得出关系式 $U^2=U_R^2+U_L^2$，并绘制出电压三角形	万用测交流电压
							02E	任务检测			
				04	功率计算	学习电路中有功功率、无功功率、有功功率概念及计算	01	有功功率 *P* 计算	0.5	$P=U_RI=U_R^2/R=I^2R$ 计算及应用	
							02	无功功率 Q_L 计算	0.5	计算及应用	
							03	视在功率 *S* 计算	0.5	理解	
							04E	任务检测			
				05	项目考核	考核 *RL* 串联电路所用知识			2	全部	全部

表 5.1（续）

项目编号	项目名称	项目概述	参考课时	任务编号	任务名称	任务概述	节段编号	教学节段	预设课时	包含知识点	包含技能点
DZJC-15	*RC* 串联电路特性探究	主要知识：*RC* 串联电路概念，电路端电压与电流相位及大小关系，相关功率计算。主要技能：万用表测交流电压。关键能力：使用万用表测量交流电压，从测探究出数量关系。必备品格：规范使用万用表	9～10	01	认识 *RC* 串联电路	学习 *RC* 串联电路，了解 *RC* 串联电路应用	01	*RC* 串联电路概念	0.5	电阻和电容串联所组成的电路	
							02	识别并绘制电路图	0.5	能识别并绘制电路图	
							03	*RC* 串联电路应用	0.5	电子电路中应用	
							04E	任务检测			
				02	电路端电压与电流的关系	绘制电路端电压与电流的相量图并计算端电压与电流大小关系	01	端电压与电流的相位关系	0.5	画相量图；电流超前电压 ϕ；电路呈电容性	
							02	端电压与电流的大小关系	1	阻抗及阻抗角 ϕ 理解及计算、$I=U/Z$ 计算及变形应用	
							03E	任务检测			
				03	探究端电压与分电压的关系	搭建电路，万用表测交流电压，探究端电压与各分电压关系	01	搭建 *RC* 串联电路，测量端电压与 *R*、*L* 上电压，得出关系式	2	万用表测电路端电压与分电压，得出关系式 $U^2=U_R^2+U_C^2$，并绘制出电压三角形	万用测交流电压
							02E	任务检测			
				04	功率计算	学习电路中有功功率、无功功率、有功功率概念及计算	01	有功功率 *P* 计算	0.5	$P=U_RI=U_R^2/R=I^2R$ 计算及应用	
							02	无功功率 Q_L 计算	0.5	计算及应用	
							03	视在功率 *S* 计算	0.5	理解	
							04E	任务检测			
				05	项目考核			考核 *RC* 串联电路所用知识	2	全部	全部

表 5.1（续）

项目编号	项目名称	项目概述	参考课时	任务编号	任务名称	任务概述	节段编号	教学节段	预设课时	包含知识点	包含技能点
DZJC-16	*RLC* 串联电路特性探究	主要知识：*RLC* 电路端电压与端电流相位及大小关系。串联谐振电路条件及谐振频率。主要技能：函数信号发生器操作；万用表测电压、电流操作。关键能力：探究串联谐振电路各电压和电流值的特点。必备品格：规范使用函数信号发生器和万用表	9～10	01	认识 *RLC* 串联电路	学习 *RLC* 串联电路概念，会绘制电路图	01	*RLC* 串联电路概念	0.5	电阻、电感、电容串联所组成的电路	
							02	识别并绘制电路图	0.5	能识别并绘制电路图	
							03E	任务检测			
				02	电路端电压与电流的相位关系	讨论感抗和容抗在不同情况下，端电压与电流的相位关系	01	$X_L>X_C$ 端电压与电流相位关系	0.5	端电压超前电流，电路呈电感性	
							02	$X_L=X_C$ 端电压与电流相位关系	0.5	端电压与电流同相，电路呈电阻性	
							03	$X_L<X_C$ 端电压与电流相位关系	0.5	端电压滞后电流，电路呈电容性	
							04E	任务检测			
				03	电路端电压与电流的大小关系	学习电路电压、阻抗关系及 *RLC* 串联电路欧姆定律	01	端电压与分电压关系	0.5	电压三角形及应用	
							02	阻抗与电抗、电阻之间的关系	1	阻抗三角形及应用	
							03	$\cos\phi$；S、P、Q	2	功率三角形及应用	
							04E	任务检测			
				04	探究串联谐振的特点	学习串联谐振条件及谐振频率，搭建电路，探究串联谐振电路各电压和电流值的特点	01	串联谐振电路定义及条件	0.5	端电压与电流同相，电路呈电阻性、谐振条件 $X_L=X_C$、谐振阻抗	
							02	串联谐振	0.5	谐振频率计算式，通频带和选择性	
							03	串联谐振研究	2	搭建电路实现谐振，计算电路谐振频率，调节频率，处于谐振状态，万用表测电路各电压，得出电压大小关系；增大或减小频率，万用表测电流，得出电流值的特点	
							04E	任务检测			
				05	项目考核	*RLC* 串联电路特性探究所有知识技能			2	全部	全部

表 5.1（续）

项目编号	项目名称	项目概述	参考课时	任务编号	任务名称	任务概述	节段编号	教学节段	预设课时	包含知识点	包含技能点
DZJC-17	三相交流电源	三相对称交流电动势解析式、相量图、相序、各相颜色标记、三相三（四、五）线制输电方式、三相交流电源电路，三相对称交流电源的作用；相阻抗、相线、中性点、中线、零线、工作零线、保护零线、线电压、相电压、线电流、相电流等概念的含义。低压工业供电系统和民用供电系统	9～10	01	认识三相交流电	学习三相交流电概念，了解三相电动势产生	01	三相交流电源概念	0.5	三相交流电源产生、概念、作用	
							02	三相交流电动势产生	1	电磁感应；三相交流电动势表达方式：解析式、波形图、相量图、相序	
							03E	任务检测			
				02	三相电源连接方式	掌握三相电源星形	01	基本概念	0.5	相线（火线）、中性线（零线）、工作零线、保护零线、线色	
							02	星形连接	1	星形连接三相三线、三相四线、三相五线；实际应用	
							03E	任务检测			
				03	三相电压与电流	三相电压星形及三相形连接时，计算线电压与相电压的关系	01	基本概念	0.5	相电压、线电压、相电流、线电流及相位关系	
							02	Y 星形连接时线电压与相电压、线电流与相电流的关系	1	线电压= $\sqrt{3}$ 相电压，相电流=线电流	
							03E	任务检测			
				04	三相交流电应用	了解三相交流电源的实际应用	01	三相交流电在生活中应用	0.5	民用供电使用、保护接地与保护接零，PE 线色	
							02	三相交流电在工业生产中应用	0.5	工业生产供电使用、TN-S 系统	
							03E	任务检测			
				05E	项目考核	三相交流电所有知识技能			2	全部	全部

表 5.1（续）

项目编号	项目名称	项目概述	参考课时	任务编号	任务名称	任务概述	节段编号	教学节段	预设课时	包含知识点	包含技能点
DZJC-18	对称负载	对称负载的相电压、线电压及其大小相位关系；相电流、线电流及其大小相位关系，P、Q、S 计算		01	三相对称负载的星形连接	学习三相对称负载丫星形连接电路，实验验证线电压和相电压以及线电流和相电流关系	01	星形连接电路图	0.5	能绘制三相对称负载丫星形连接图，掌握实际应用	
							02	掌握电路中各物理量及关系	1	线电压= $\sqrt{3}$ 相电压，线电流=相电流，相电压超前线电压 30°	
							03	搭建三相对称负载丫星形连接电路，验证线电压和相电压以及线电流和相电流关系	2	搭建三相对称负载作丫星形联结的电路，观察有无中性线，各相灯光变化。验证线电压和相电压以及线电流和相电流关系	正确规范搭建电路；万用表测交流电压、电流
							04	三相对称负载丫星形连接功率计算	1	$P=3P_P=3U_PI_P\cos\varphi$ 计算及应用	
							05E	任务检测			
				02	三相对称负载的三角形连接	学习三相对称负载△形连接电路，实验验证线电压和相电压以及线电流和相电流关系	01	三角形连接电路图	0.5	能绘制三相对称负载△连接图，掌握实际应用	
							02	掌握电路中线电压和相电压，线电流和相电流关系	0.5	线电压=相电压，线电流= $\sqrt{3}$ 相电流，相电流超前线电流 30°	
							03	搭建三相对称负载△形连接电路，验证线电压和相电压以及线电流和相电流关系	2	搭建三相对称负载作△联结的电路，验证线电压和相电压以及线电流和相电流关系	正确规范搭建电路；万用表测交流电压、电流
							04	三相对称负载△形连接功率计算	1	$P=\sqrt{3}\ U_LI_L\cos\varphi$ 计算及应用	
							05E	任务检测			
				03E	对称负载考核	对称负载所有知识技能			2	全部	全部

表 5.1（续）

项目编号	项目名称	项目概述	参考课时	任务编号	任务名称	任务概述	节段编号	教学节段	预设课时	包含知识点	包含技能点
DZJC-19	不对称丫星形负载	主要知识：三相不对称负载丫连接电路的基本特点。相电压、线电压大小及相位关系；中线作用；相电流、线电流大小及相位关系，*P*、*Q*、*S* 计算	9～10	01	三相不对称 *RL* 负载的星形连接	认识三相不对称负载	01	三相不对称 *R* 负载	0.5	三相不对称 *R* 负载概念。相电压、线电压及大小相位关系；中线作用；相电流、线电流及大小相位关系，*P*、*Q*、*S* 计算	
							02	搭建三相不对称负载丫星形连接电路，观察灯泡亮度并测量	2	搭建三相不对称负载作丫星形联结电路，观察有无中性线时，灯泡亮度，并测量线电压、相电压、线电流、相电流、中性线电流，得出负载不对称时中性线作用	正确规范搭建电路；万用表测交流电压、电流
							03E	任务检测			
				02	三相不对称 *RL* 负载的星形连接	学习三相不对称负载丫星形连接电路，观察实验现象并测量	01	三相不对称 RL 负载	0.5	三相不对称 *RL* 负载概念。相电压、线电压及大小相位关系；中线作用；相电流、线电流及大小相位关系，*P*、*Q*、*S* 计算	
							02	搭建三相不对称 RL 负载 Y 形连接电路并测量	2	搭建三相不对称负载 *RL* 作丫星形联结电路，有无中性线时测量线电压、相电压、线电流、相电流、中性线电流，得出负载不对称时中性线作用	正确规范搭建电路；万用表测交流电压、电流
							03E	任务检测			
				03E	项目考核	不对称负载所有知识技能			2	全部	全部

表 5.1（续）

项目编号	项目名称	项目概述	参考课时	任务编号	任务名称	任务概述	节段编号	教学节段	预设课时	包含知识点	包含技能点
DZJC-20	电动机	三相交流异步电动机作用，基本组成及其作用，基本工作，旋转磁场产生及同步转速，同步转速方向决定因素，（转子）转速，转差率定义大小范围，铭牌用途与其数据符号识读计算。Y和△接法		01	认识三相交流异步电动机	了解三相交流异步电动机应用，掌握基本结构	01	三相交流异步电动机作用、分类	0.5	农业机械、食品机械、风机、水泵、机床、搅拌机等	
							02	三相交流异步电动机的基本结构	1	定子和转子；定子组成；转子组成及转子绕组分类	
							03E	任务检测			
				02	三相交流异步电动机工作原理	了解三相交流异步电动机工作原理，掌握极速、转速、转差率的计算及应用	01	旋转磁场和电机转动原理	1	旋转磁场产生的条件及过程，电机转动原理	
							02	磁极与转速	1	磁极与三相绕组关系；磁极与转速关系式及应用	
							03	转差率	0.5	转差率的计算及应用	
							04E	任务检测			
				03	认识三相交流异步电动机铭牌	熟悉三相交流异步电动机铭牌，根据铭牌进行相关计算，正确连接定子绕组	01	认识铭牌参数	1	型号、电压、电流、功率效率等	
							02	根据铭牌参数计算	1	计算输入功率及效率	
							03	根据铭牌及电源线电压正确连接定子绕组	1	根据铭牌及电源线电压正确连接定子绕组：Y和△接法	
							04E	任务检测			
				04E	项目考核	考核电动机所有知识技能			2	全部	全部

表 5.1（续）

项目编号	项目名称	项目概述	参考课时	任务编号	任务名称	任务概述	节段编号	教学节段	预设课时	包含知识点	包含技能点
DZJC-21	变压器	主要知识：认识变压器的结构及工作原理、特征参数。主要技能：万用表测电阻、交流电压、电流。掌握单相变压器的基本检测方法。关键能力：规范搭建电路，安全操作。必备品格：安全用电、规范操作	9～10	01	认识变压器	了解变压的用途及种类，掌握单相变压器的基本构造	01	变压器的概念	0.5	利用互感原理工作的电磁装置	
							02	变压器的用途及种类	0.5	变换交流电压、电流、阻抗、改变相位等；按相数、用途、绕组分类	
							03	单相变压器的基本构造	0.5	单相变压器字母、图形符号	
							04E	任务检测	0		
				02	单相变压器的工作原理	单相变压器变化交流电压、电流、阻抗计算及应用	01	变化交流电压	0.5	变压公式计算及应用	
							02	变换交流电流	0.5	变流公式计算及应用	
							03	变换交流阻抗	0.5	阻抗变换计算及应用	
							04E	任务检测	0		
				03	变压器的特征参数	认识并掌握变压器的特征参数	01	三相变压器铭牌参数	0.5	型号、额定容量、额定电压、电流等	
							02	变压器功率	1	实际应用中变压器功率计算	
							03	变压器效率	1	实际应用中变压器效率计算	
							04E	任务检测	0		
				04	单相变压器的检测	掌握单相变压器的基本检测方法	01	测各绕组直流电阻	1	万用表测高压绕组电阻大（电流小），低压绕组电阻小（电流大）	万用表测电阻
							02	绕组短、断检测	0.5	外用表电阻挡测绕组两端，短、断检测	万用表电阻挡测断路
							03	绕组同名端判断	1	实验法判断同名端	搭建电路
							04E	任务检测	0		
				05	单相变压器的变比测量	搭建电路，验证单相变压器变压比	01	变压器铭牌填写	0.5	型号、额定容量、额定电压、电流等	
							02	搭建电路	1	根据实验图搭建电路	
							03	验证变压比	1	通过测量电压、电流，验证变压比	万用表测电压、电流
							04E	任务检测	0		
				06E	项目考核	考核变压器所有知识技能			2	全部	全部

表 5.1（续）

项目编号	项目名称	项目概述	参考课时	任务编号	任务名称	任务概述	节段编号	教学节段	预设课时	包含知识点	包含技能点
DZJC-22	数制	学习十进制、二进制、十六进制的特点，并能互相转换，掌握8421BCD码的表示方法	7～8	01	认识数制、二进制与十进制转换	本任务主要学习二进制、十进制的特点，并会正确互相转换	01	十进制数，二进制数，十六进制数的概念及其表示	1	熟悉十进制数、二进制数、十六进制数的概念，会用科学计数法表示各进制数	
							02	十进制转二进制（整数部分）	0.5	掌握将整数十进制数转换为二进制的方法	
							03	十进制转二进制（小数部分）	0.5	掌握将小数十进制数转换为二进制的方法	
							04	二进制转十进制（整数部分）	0.5	掌握将整数二进制数转换为十进制的方法	
							05	二进制转十进制（小数部分）	0.5	掌握将小数二进制数转换为十进制的方法	
							06E	任务检测	1		
				02	二进制与十六进制转化、码制	（1）二进制、十六进制的特点，并会正确互相转换；（2）掌握8421BCD码的表示方法	01	二进制转十六进制	0.5	掌握将二进制数转换为十六进制的方法	
							02	十六进制转二进制	0.5	掌握将十六进制数转换为二进制的方法	
							03	8421码编码、ASCII编码	1	掌握8421BCD码的编码方法，熟悉ASCII编码	
							04E	任务检测	1		
				03E	项目考核	考核数制所有知识			2	全部	

表 5.1（续）

项目编号	项目名称	项目概述	参考课时	任务编号	任务名称	任务概述	节段编号	教学节段	预设课时	包含知识点	包含技能点
DZJC-23	与、与非	主要知识点：与逻辑运算、典型与门电路、符号、真值表、表达式、波形图；非逻辑运算、典型非门和与非门电路、符号、真值表、表达式、波形图		01	与逻辑门	（1）掌握与逻辑概念及基本运算；（2）掌握及应用与门符号、真值表、表达式及波形图；（3）了解与门芯片引脚与功能	01	认识与关系	1	与逻辑的基本概念及运算	
							02	与逻辑门真值表		与逻辑真值表、表达式及逻辑功能	
							03	与逻辑门表达式			
							04	与逻辑门符号	1	与门符号、输入/输出波形图、与门芯片的引脚及使用	
							05	与逻辑门芯片			
							06	绘制与逻辑门输出波形			
							07E	任务检测			
				02	非逻辑门	（1）掌握非逻辑概念及基本运算；（2）掌握及应用非门符号、真值表、表达式及波形图；（3）了解非门芯片引脚与功能	01	认识非关系	1	非逻辑的基本概念及运算、非逻辑真值表、表达式及逻辑功能	
							02	非逻辑门真值表			
							03	非逻辑门表达式			
							04	非逻辑门符号	1	非门符号、输入/输出波形图、与门芯片的引脚及使用	
							05	绘制非逻辑门输出波形			
							06E	任务检测			
				03	与非复合逻辑门	（1）掌握及应用与非门符号、真值表、表达式及波形图；（2）了解与非门芯片引脚与功能	01	认识与非复合逻辑门关系	1	与非门概念及符号	
							02	与非复合逻辑门符号			
							03	与非复合逻辑门真值表	1	与非门真值表、表达式及逻辑功能	
							04	与非复合逻辑门表达式			
							05	与非复合逻辑门芯片	1	与非门输入/输出波形图及芯片的认识与使用	用与非门芯片测试逻辑功能
							06	绘制与非复合逻辑门输出波形			
							07E	任务检测			
				04E	项目考核						

表 5.1（续）

项目编号	项目名称	项目概述	参考课时	任务编号	任务名称	任务概述	节段编号	教学节段	预设课时	包含知识点	包含技能点
DZJC-24	或、或非	主要知识点：或逻辑运算、典型或门电路、符号、真值表、表达式、波形图；或非门电路、符号、真值表、表达式、波形图		01	或逻辑门	或逻辑的基本概念、运算法、真值表、表达式、逻辑功能、电路及波形	01	认识或关系	1	或逻辑的基本概念及运算	
							02	或逻辑门真值表	1	或逻辑真值表、表达式及逻辑功能	
							03	或逻辑门表达式			
							04	或逻辑门符号	1	或门符号、输入/输出波形图、或门芯片的引脚及使用	
							05	或逻辑门芯片			
							06	绘制或逻辑门输出波形			
							07E	任务检测			
				02	或非复合逻辑门	或非逻辑的基本概念、运算法、真值表、表达式、逻辑功能、电路及波形	01	认识或非复合逻辑门关系	1	或非门概念及符号	
							02	与或复合逻辑门符号			
							03	与或复合逻辑门真值表	1	或非门真值表、表达式及逻辑功能	
							04	与或复合逻辑门表达式			
							05	或非逻辑门芯片	1	或非门输入/输出波形图及芯片的认识与使用	
							06	绘制或非复合逻辑门输出波形			
							07E	任务检测			
				03E	项目考核						
DZJC-25	逻辑分析	真值表与表达式相互转换；表达式与电路图相互转换互换		01	真值表与表达式互换	真值表与表达式互转	01	真值表转表达式	1	真值表转表达式的方法及应用	
							02	表达式转真值表	1	表达式转真值表的方法及应用	
							03E	任务检测			
				02	表达式换电路图	表达式转电路图	01	表达式换电路图方法	1	逻辑表达式的识别；由逻辑表达式画出逻辑电路图	
							02	方法应用	2	表达式转电路图方法的应用	
							03E	任务检测			
				03	电路图换表达式	电路图换表达式	01	电路图换表达式方法	1	逻辑电路图的识别；由逻辑电路图写出逻辑表达式	
							02	方法应用	2	电路图换表达式方法的应用	
							03E	任务检测			
				04E	项目考核				2		

表 5.1（续）

项目编号	项目名称	项目概述	参考课时	任务编号	任务名称	任务概述	节段编号	教学节段	预设课时	包含知识点	包含技能点
DZJC-26	逻辑函数化解			01	逻辑代数运算定律	理解并运用逻辑代数运算定律；推导逻辑代数的常用公式	01	常量与变量定律	0.5	0.1 定律；互补定律	
							02	逻辑代数定律	0.5	交换律；结合律；分配律；反演律	
							03	常用公式	1	4 个常用公式	
							04E	任务检测	0		
				02	逻辑函数的公式化简	会运用公式法化简逻辑函数	01	合并项法	1	合并项法	
							02	吸收法	1	吸收法	
							03	消去法	1	消去法	
							04	配项法	1	配项法	
							05E	任务检测	0		
				03	逻辑函数的卡诺图化简	会运用卡诺图法化简逻辑函数	01	用卡诺图表示逻辑函数	1	卡诺图的定义；画卡诺图的方法	
							02	合并相邻项	0.5	合并相邻项的原则	
							03	相加最小项	0.5	最小项的定义	
							04E	任务检测	0		
				04E	项目考核				2		
DZJC-27	焊接	通过木项目学习，会直插件、贴片件和导线的焊接和拆焊	17～18	01	直插件焊接	会正确规范使用锡焊工具对常用通孔元器件进焊接并能达到焊点质量要求	01	锡焊工具的组成及电烙铁的使用	1	电阻的概念、电阻符号、单位及单位换算；电阻器在一般电路及特殊功能性电路中的作用	万用表测量电烙铁好坏
							02	常用元器件的成型	1		
							03	常用元器件的焊接流程及要领、训练	4		常用元器件的识别；万用表测量常用元器件基本参数
							04	常用元器件的拆焊流程及要领、训练	2	$R=\rho L/S$ 及其变形式计算。在实际生活中的故障分析及应用	
							05E	任务检测	1		
				02	贴片件焊接	会正确规范使用锡焊工具对常用 0805 贴片元器件进焊接并能达到焊点质量要求	01	常用贴片元件的介绍	1	常用贴片电阻、电容识别与检测	万用表测量贴片电阻
							02	常用贴片元件的焊接流程及要领、训练	4		
							03	常用贴片元件的拆焊流程及要领、训练	2		
							04E	任务检测	1		
				04	项目考核				2	全部	全部

二、单元模块项目规划书（见表 5.2）

表 5.2　单元模块项目规划书

项目编号	项目名称	项目概述	参考课时	任务编号	任务名称	任务概述	节段编号	教学节段	预设课时	包含知识点	包含技能点
DZDY-01	桥式整流电容滤波	通过本项目学习，学生能够掌握桥式整流电容滤波原理，会组装调试桥式整流电容滤波电路并对常见电路故障进行判断和处理；能使用示波器、信号源对电路波形进行测试	16～18	01	认识项目元件；掌握电路原理图	识别、测试整流二极管；理清电路的连接关系	01	整流二极管的识测	1	整流二极管符号，符号与实物对应，符号极性与实物极性对应，重要参数最大整流电流和最高反向击穿电压查找。二极管的封装	实物辨别；按标识分辨极性分辨；万用表分辨极性
							02	单向导电性验证	1	二极管单向导电性（二格管+万用表直流电压挡）	二极管单向导电电路搭建、测量和观察记录
							03	3 种整流滤波原理图及绘制	0.5	元件符号布局，分清引脚和极性，引脚间连线	
							04	实物 3 种不同布局、元件间线路连接的模拟	0.5	实物元件布局，分清引脚和极性，引脚间连线	
							05E	任务检测	1		
				02	理解电路工作过程	熟悉整流原理、滤波原理、输入/输出电压关系	01	电流流通途径	1	正负半周整流过程，电容充放电过程	
							02	电压关系	0.5	整流输出电压与输入交流电压、负载的关系	
							03	元件参数选择	0.5	二极管反向电压、整流电流和电容耐压的选择	
							04	整流滤波电路的功能	0.5	整流功能、滤波功能，电容量和负载电阻与滤波效果的关系	
							05E	任务检测	1		
				03	安装电路	装配整流滤波电路	01	元件选择	0.5		对照元件清单识别、检测并选用元器件
							02	元件布局	0.5	电器元件布局规范	元件按电气规则布局安放
							03	元件整形及安装	0.5	整形工艺和安装顺序规范	元件按整形工艺规范和安装规范进行安装

表 5.2（续）

项目编号	项目名称	项目概述	参考课时	任务编号	任务名称	任务概述	节段编号	教学节段	预设课时	包含知识点	包含技能点
DZDY-01	桥式整流电容滤波	通过本项目学习，学生能够掌握桥式整流电容滤波原理，会组装调试桥式整流电容滤波电路并对常见电路故障进行判断和处理；能使用示波器、信号源对电路波形进行测试	16～18	03	安装电路	装配整流滤波电路	04	焊接、目检	1	焊接工艺规范检意义	按焊接工艺进行焊接；检查元件选用、安装位置正确性；整形工艺和焊接工艺。填写质量检验表
							05	任务检测	1		
				04	调试与维修	工作参数测量和状态调试、设备性能指标撰写、简单故障判断与维修	01	有（无）滤波状态下，输入/输出电压测量，理论公式验证	1	输入/输出电压关系	万用表测量交流电压、直流电压
							02	有（无）滤波状态下，输入/输出波形测量，变更负载或电容滤波效果验证	1	波形变化与整流电路功能的关系，纹波概念	示波器测量输入、整流和滤波波形绘制
							03	撰写电源指标：输入电压范围，输出电压范围，输出电流范围，额定功率	1	输入电压范围测定办法，输出电压范围测定办法，输出电流范围测定办法，额定功率估算	万用表测量交流电压、直流电压；万用表测直流电流
							04	通过电压测量和电阻测量来定位故障部位	2	通过电压测量和电阻测量来定位故障部位	万用表测量交流电压、直流电压；万用表测在路电阻
							05E	任务检测	1		
				05E	项目考核	考核欧姆定律所有知识技能			4	全部	全部

表 5.2（续）

项目编号	项目名称	项目概述	参考课时	任务编号	任务名称	任务概述	节段编号	教学节段	预设课时	包含知识点	包含技能点
DZDY-02	三端稳压	通过本项目学习，学生能够掌握三端稳压电路原理，会组装调试三端稳压电路并对常见电路故障进行判断和处理	16～18	01	熟悉项目电路连接关系；认识项目元件	掌握电路的连接关系，输入与输出的分别；识别、测试元件	01	78、79 系列引脚的定义；78、79 系列标识符的含义	1	三端集成稳压器的原理图符号、封装规格；输出电压极性分类；是否可调；最大功率	能够绘制三端集成稳压器的原理图符号、认识常见的封装；根据标识符识别出输出电压的极性、输出电压是否可调、最大输出功率
							02	3 种整流滤波原理图及绘制	0.25	元件符号布局，分清引脚和极性，引脚间连线	
							03	实物 3 种不同布局、元件间线路连接的模拟	0.25	实物元件布局，分清引脚和极性，引脚间连线	
							04E	任务检测	0.5		
				02	理解电路工作过程	熟悉三端稳压原理	01	电流流通途径	0.5	正负半周整流过程，电容充放电过程	
							02	电压关系	0.5	整流输出电压与输入交流电压、负载的关系	
							03	元件参数选择	0.5	二极管反向电压、整流电流和电容耐压的选择	
							04	整流滤波电路的功能	0.5	整流功能、滤波功能，电容量和负载电阻与滤波效果的关系	
							05E	任务检测	0.5		
				03	安装电路	装配三端稳压电路	01	元件选择	0.5		对照元件清单识别、检测并选用元器件
							02	元件布局	0.5	电器元件布局规范	元件按电气规则布局安放
							03	元件整形及安装	0.5	整形工艺和安装顺序规范	元件按整形工艺规范和安装规范进行安装

表 5.2（续）

项目编号	项目名称	项目概述	参考课时	任务编号	任务名称	任务概述	节段编号	教学节段	预设课时	包含知识点	包含技能点
DZDY-02	三端稳压	通过本项目学习，学生能够掌握三端稳压电路原理，会组装调试三端稳压电路并对常见电路故障进行判断和处理	16～18	03	安装电路	装配三端稳压电路	04	焊接、目检	1	焊接工艺规范、质检意义	按焊接工艺进行焊接；检查元件选用、安装位置正确性；整形工艺和焊接工艺。填写质量检验表
							05E	任务检测	1		
				04	调试与维修	工作参数测量和状态调试、设备性能指标撰写、简单故障判断与维修	01	有（无）滤波状态下，输入/输出电压测量，理论公式验证	1	输入/输出电压关系	万用表测量交流电压、直流电压
							02	有（无）滤波状态下，输入/输出波形测量，变更负载或电容滤波效果验证	1	波形变化与整流电路功能的关系，纹波概念	示波器测量输入、整流和滤波波形绘制
							03	撰写电源指标：输入电压范围，输出电压范围，输出电流范围，额定功率	1	输入电压范围测定办法，输出电压范围测定办法，输出电流范围测定办法，额定功率估算	万用表测量交流电压、直流电压；万用表测直流电流
							04	通过电压测量和电阻测量来定位故障部位	1	通过电压测量和电阻测量来定位故障部位	万用表测量交流电压、直流电压；万用表测在路电阻
							05E	任务检测	2		
				05E	项目考核	考核欧姆定律所有知识技能			4	全部	全部

表 5.2（续）

项目编号	项目名称	项目概述	参考课时	任务编号	任务名称	任务概述	节段编号	教学节段	预设课时	包含知识点	包含技能点
DZDY-03	编码器	学习编码器的工作原理、电路设计、安装检测和维修	12～16	01	工作原理	理解编码器的结构、工作原理	01	编码器基础知识	0.5	编码器分类、优先编码器的概念	封装、外观
							02	认识优先编码器74LS147	1	74LS147 引脚分布、真值表功能总结	
							03	拨码开关及分类	0.5	拨码开关简介及工作原理	
							04	输入高低电平的产生	0.5	拨码开关位置与高低电平关系，元件参数选择	万用表测量直流电压
							05	LED 显示编码信息	0.5	LED 电平指示的分类 LED 参数与限流电阻的关系，元件参数选择	万用表测量直流电流、直流电压
							06	编码器原理框图、原理图	1	认识编码器原理框图中的输入、编码、输出部分	
							07E	任务检测			
				02	安装电路	装配优先编码器电路	01	元件选择	0.5	元器件识别	对照元件清单识别、检测并选用元器件
							02	元件布局	0.5	电器元件布局规范	元件按电气规则布局安放
							03	元件整形及安装	0.5	整形工艺和安装顺序规范	元件按整形工艺规范和安装规范进行安装
							04	焊接	1	焊接工艺规范	按焊接工艺进行焊接
							05	目检	0.5	质检意义	检查元件选用、安装位置正确性；整形工艺和焊接工艺。填写质量检验表
							06E	任务检测			

表 5.2（续）

项目编号	项目名称	项目概述	参考课时	任务编号	任务名称	任务概述	节段编号	教学节段	预设课时	包含知识点	包含技能点
DZDY-03	编码器	学习编码器的工作原理、电路设计、安装检测和维修	12～16	03	调试与维修	工作参数测量和状态调试、设备性能指标撰写、简单故障判断与维修	01	改变拨动开关的位置，使其中一位为低电平，其余位为高电平，观察输出变化情况	0.5	输入/输出编码关系	万用表测量直流电压
							02	改变拨动开关的位置，使其中两位及以上为低电平，其余位为高电平，观察输出变化情况	0.5	优先编码关系	万用表测量直流电压
							03	补充完整优先编码器真值表	0.5	理解优先编码器工作原理	万用表测量直流电压
							04	通过对比输入与输出，定位故障	1.5	观察输入/输出状态，测量相应电压	万用表测量直流电压，万用表测量通断
							05E	任务检测			
				04	项目考核	考核优先编码器所有知识、技能			4	全部	全部

表 5.2（续）

项目编号	项目名称	项目概述	参考课时	任务编号	任务名称	任务概述	节段编号	教学节段	预设课时	包含知识点	包含技能点
DZDY-04	译码器	学习译码器的工作原理、电路设计、安装检测和维修	12～16	04-01	工作原理	理解译码器的结构、工作原理	1	译码器基础知识	0.5	译码器分类及概念	
							2	认识 3-8 译码器 74LS138	1	74LS138 引脚分布真值表功能总结	封装、外观
							3	拨码开关及分类	0.5	拨码开关简介及工作原理	
							4	输入高低电平的产生	0.5	拨码开关位置与高低电平关系，元件参数选择	万用表测量直流电压
							5	LED 显示编码信息	0.5	LED 电平指示的分类 LED 参数与限流电阻的关系，元件参数选择	万用表测量直流电流、直流电压
							6	译码器原理框图、原理图	1	认识译码器原理框图中的输入、编码、输出部分	
							07E	任务检测			
				04-02	安装电路	装配 3-8 译码器电路	1	元件选择	0.5	元器件识别	对照元件清单识别、检测并选用元器件
							2	元件布局	0.5	电器元件布局规范	元件按电气规则布局安放
							3	元件整形及安装	0.5	整形工艺和安装顺序规范	元件按整形工艺规范和安装规范进行安装
							4	焊接	1	焊接工艺规范	按焊接工艺进行焊接
							5	目检	0.5	质检意义	检查元件选用、安装位置正确性；整形工艺和焊接工艺。填写质量检验表
							6E	任务检测			
				04-03	调试与维修	工作参数测量和状态调试、设备性能指标撰写、简单故障判断与维修	1	改变拨动开关的位置以改变被译码信号，观察输出变化情况	0.5	输入输出译码关系	万用表测量直流电压
							2	改变拨动开关的位置以改变被使能信号，观察输出变化情况	0.5	使能信号的信用	
							3	补充完整 3-8 译码器真值表	0.5	理解译码器工作原理	万用表测量直流电压
							4	通过对比输入与输出，定位故障	1.5	观察输入/输出状态，测量相应电压	万用表测量直流电压，万用表测量通断
							5E	任务检测			
				04-04	项目考核			考核优先译码器所有知识、技能	4	全部	全部

表 5.2（续）

项目编号	项目名称	项目概述	参考课时	任务编号	任务名称	任务概述	节段编号	教学节段	预设课时	包含知识点	包含技能点
DZDY-05	显示译码器	学习显示译码器的工作原理、电路设计、安装检测和维修	12～16	01	工作原理	理解显示译码器的电路结构及工作原理	01	译码器基础知识	0.5	译码器分类及概念	
							02	认识 CD4511 BCD-七段显示译码器	1	CD4511 BCD-七段显示译码器引脚功能及真值表	封装、外观
							03	拨码开关及分类	0.5	拨码开关简介及工作原理	
							04	输入端和控制端高低电平的产生	1	拨码开关位置与高低电平关系，元件参数选择	
							05	七段数码管显示阿拉伯数字	0.5	共阴、共阳数码管工作原理及段码推导	万用表测量直流电流、直流电压
							06	显示译码器原理框图	0.5	认识译码器原理框图中的输入、译码、输出显示部分	
							07E	任务检测	0		
				02	安装电路	装配 BCD-七段显示译码器电路	01	元件选择	0.5		对照元件清单识别、检测并选用元器件
							02	元件布局	0.5	电器元件布局规范	元件按电气规则布局安放
							03	元件整形及安装	0.5	整形工艺和安装顺序规范	元件按整形工艺规范和安装规范进行安装
							04	焊接	1	焊接工艺规范	按焊接工艺进行焊接
							05	目检	0.5	质检意义	检查元件选用、安装位置正确性；整形工艺和焊接工艺。填写质量检验表
							06E	任务检测	0		
				03	调试与维修	工作参数测量和状态调试、设备性能指标撰写、简单故障判断与维修	01	改变拨动开关的位置以改变被输入的 8421BCD 码，观察输出变化情况	0.5	输入/输出译码关系	万用表测量直流电压
							02	改变拨动开关的位置以改变控制信号，观察输出变化情况	0.5	控制信号的作用	
							03	补充完整显示译码器真值表	0.5	理解译码器工作原理	万用表测量直流电压
							04	通过对比输入与输出，定位故障	1.5	观察输入/输出状态，测量相应电压	万用表测量直流电压，万用表测量通断
							05E	任务检测	0		
				04E	项目考核	考核显示译码器所有知识、技能			4	全部	全部

表 5.2（续）

项目编号	项目名称	项目概述	参考课时	任务编号	任务名称	任务概述	节段编号	教学节段	预设课时	包含知识点	包含技能点
DZDY-06	点阵显示电路	学习使用点阵显示器，知道工作原理、电路设计、安装、调试与维修	13～15	01	点阵电路原理	知道点阵显示电路的控制电路及其工作过程	01	拨码开关及分类	0.5	拨码开关的分类、外观及封装；拨码开关电路图符号、文字符号；工作原理	
							02	认识点阵显示器	1	点阵显示器的分类、封装外观及管脚排列	
							03	点阵显示器工作原理	1	点阵显示器内部等效电路、工作原理	
							04	点阵实验原理	1	分析点阵实验电路原理图、组成框图、器件间的连接关系、高低电平控制过程、电路工作原理	
							05E	任务检测	0		
				02	点阵电路安装	按国标规范和工艺规范安装电路	01	元件选择	0.5		按电路原理图编制器材清单，选择安装用元器件
							02	元件布局	0.5	元器件间距、方向	进行元件布局，绘制布局图
							03	元件整形及安装工艺	1	元器件成形工艺	按布局图及元件成形工艺要求对元件成形
							04	安装焊接	1	手工焊接	焊接工艺
							05	检查（工艺检查）	0.5	工艺规范	元件成形、布局、搭建的规范
							06E	任务检测	0		
				03	点阵电路调试与维修	按照工艺规范和检测方法、步骤规范检查电路的正确性，并对电路调试、故障检修	01	拨码开关获得行列信息	1	拨码开关行列信息输入、输出对应关系	拨码开关操作、输入/输出信息检测
							02	点阵显示器工作状态检测/调试	1	输入行列信息、观察、测试关键点信息	按照功能表检测、调试
							03	故障检测/排除	1	故障检测排除方法、步骤	仪器仪表的使用
							04	任务检测	0		
				04E	项目考核	所有			4	全部	全部

表 5.2（续）

项目编号	项目名称	项目概述	参考课时	任务编号	任务名称	任务概述	节段编号	教学节段	预设课时	包含知识点	包含技能点
DZDY-07	JK 触发器与时序	学习 JK 触发器与时序的基础知识，知道其工作原理、实验电路设计、安装、调试与维修	16～18	01	JK 触发器工作原理	JK 触发器基础知识、知道 JK 触发器（74LS112）的功能、真值表、输入、输出、的工作原理	01	JK 触发器基础知识	0.5	JK 触发器的定义、分类	
							02	认识 JK 触发器（74LS112）及功能	2	JK 触发器（74LS112）的外观、封装、引脚分布、功能及真值表	
							03	输入高、低电平的产生	1	控制端高低电平的产生、计数脉冲的产生	
							04	JK 触发器工作原理	1.5	电路组成框图、电路原理	
							05E	任务检测	0		
				02	JK 触发器安装	按国标规范和工艺规范安装电路	01	元件选择	0.5		按电路原理图编制器材清单，选择安装用元器件
							02	元件布局	0.5	元器件间距、方向	进行元件布局，绘制布局图
							03	元件整形及安装工艺	1	元器件成形工艺	按布局图及元件成形工艺要求对元件成形
							04	安装焊接	1	手工焊接	焊接工艺
							05	检查（工艺检查）	0.5	工艺规范	元件成形、布局、搭建的规范
							06E	任务检测	0		
				03	JK 触发器电路调试与维修	按照工艺规范和检测方法、步骤规范检查电路的正确性，并对电路调试、故障检修	01	触发脉冲的输入/输出/参数测量	1	控制端输入信息与输出信息的关系	拨码开关操作、输入/输出信息检测
							02	控制信号的输入/输出	1	控制端输入高/低电平、测试关键点信息	按照功能表检测、调试，万用表的使用
							03	JK 触发器功能的验证	1	理解 JK 触发器工作原理	
							04	故障检测/排除/参数测量	1	对比输入/输出状态，分析故障原因，故障检测排除方法、步骤	仪器仪表的使用
							05E	任务检测	0		
				04E	项目考核	所有			4	全部	全部

表 5.2（续）

项目编号	项目名称	项目概述	参考课时	任务编号	任务名称	任务概述	节段编号	教学节段	预设课时	包含知识点	包含技能点
DZDY-08	四位二进制计数器	学习二进制计数器的基础知识，知道计数器工作原理、实验电路设计、安装、调试与维修	18～20	01	计数器原理	了解计数器基础知识、知道四位二进制计数器（74LS161）的功能、真值表、输入、输出、计数的工作原理	01	计数器基础知识	0.5	计数器的定义、分类	
							02	四位二进制计数器（74LS161）及功能	2	计数器（74LS161）的外观、封装、引脚分布、功能及真值表	
							03	输入高、低电平的产生	1	置数、控制端高低电平的产生、计数脉冲的产生	
							04	LED 显示编码信息	1.5	LED 指示电路连接方式、输出电平指示电路的连接方式、输出电平指示电路的连接方式	
							05	计数器工作原理	1.5	电路组成框图、电路原理	
							06E	任务检测	0		
				02	计数器安装	按国标规范和工艺规范安装电路	01	元件选择	0.5		按电路原理图编制器材清单，选择安装用元器件
							02	元件布局	0.5	元器件间距、方向	进行元件布局，绘制布局图
							03	元件整形及安装工艺	1	元器件成形工艺	按布局图及元件成形工艺要求对元件成形
							04	安装焊接	1	手工焊接	焊接工艺
							05	检查（工艺检查）	0.5	工艺规范	元件成形、布局、搭建的规范
							06E	任务检测	0		
				03	计数器电路调试与维修	按照工艺规范和检测方法、步骤规范检查电路的正确性，并对电路调试、故障检修	01	计数脉冲的输入/输出/参数测量	1	信息输入、输出对应关系	拨码开关操作、输入/输出信息检测，万用表的使用
							02	控制信号的输入/输出	1	输入信息、观察、测试关键点信息	按照功能表检测、调试，万用表的使用
							03	预置数输入/输出	1	熟悉预置数的方法	
							04	计数器功能的验证	1	理解计数器工作原理	
							05	故障检测/排除/参数测量	1	对比输入/输出状态，分析故障原因，故障检测排除方法、步骤	仪器仪表的使用
							06E	任务检测	0		
				04E	项目考核	所有			4	全部	全部

表 5.2（续）

项目编号	项目名称	项目概述	参考课时	任务编号	任务名称	任务概述	节段编号	教学节段	预设课时	包含知识点	包含技能点
DZDY-09	串入并出移位寄存器	串入并出移位寄存器的移位方法，功能与用途	13～14	01	认识项目元件	识别、测试元件	01	74LS164 串入并出移位寄存器认识	0.5	寄存器分类；寄存器的概念	封装、外观
							02	74LS164 串入并出移位寄存器引脚功能及真值表	1.5	真值表功能总结	
							03E	任务检测	0		
				02	熟悉项目电路连接关系	理清电路的连接关系，输入与输出的分别	01	一位拨码开关产生被移位信号，一位拨码开关产生移位脉冲，一位拨码开关产生复位信号	0.5	开关产生高低电平的分类	
							02	七段数码管显示阿拉伯数字	1	七段数码管的分类	
							03	串入并出移位寄存器原理框图	0.5	认识串入并出移位寄存器原理框图中的输入、移位、输出部分	
							04E	任务检测	0		
				03	理解电路工作过程	熟悉串入并出移位寄存器原理	01	拨码开关电平输出原理及元件参数选择	0.5	拨码开关位置与高低电平关系，元件参数选择	万用表测量直流电压
							02	数码显示器工作原理	0.5	共阴、共阳数码管段码推导	万用表测量直流电流、直流电压
							03	串入并出移位寄存器工作原理	0.5		
							04E	任务检测	0		
				04	安装电路	装配串入并出移位寄存器电路	01	元件选择	0.5		对照元件清单识别、检测并选用元器件
							02	元件布局	0.5	电器元件布局规范	元件按电气规则布局安放

表 5.2（续）

项目编号	项目名称	项目概述	参考课时	任务编号	任务名称	任务概述	节段编号	教学节段	预设课时	包含知识点	包含技能点
DZDY-09	串入并出移位寄存器	串入并出移位寄存器的移位方法，功能与用途	13～14	04	安装电路	装配串入并出移位寄存器电路	03	元件整形及安装	0.5	整形工艺和安装顺序规范	元件按整形工艺规范和安装规范进行安装
							04	焊接	0.5	焊接工艺规范	按焊接工艺进行焊接
							05	目检	0.5	质检意义	检查元件选用、安装位置正确性；整形工艺和焊接工艺。填写质量检验表
							06E	任务检测	0		
				05	调试与维修	工作参数测量和状态调试、设备性能指标撰写、简单故障判断与维修	01	改变拨动开关以获得被移位信息，每拨动一次拨动开关以产生移位脉冲，观察输出变化情况	1	输入输出关系	万用表测量直流电压
							02	改变拨动开关的位置以改变复位信号，观察输出变化情况	1	控制信号的作用	
							03	补充完整串入并出移位寄存器真值表	1	理解寄存器工作原理	万用表测量直流电压
							04	通过对比输入与输出，定位故障	2	观察输入/输出状态，测量相应电压	万用表测量直流电压，万用表测量通断
							05E	任务检测	0		
				06E	项目考核	考核串入并出移位寄存器所有知识、技能			2	全部	全部

表 5.2（续）

项目编号	项目名称	项目概述	参考课时	任务编号	任务名称	任务概述	节段编号	教学节段	预设课时	包含知识点	包含技能点
DZDY-10	振荡器与脉冲	由与非门、*R*、*C* 构成 *RC* 振荡器，产生矩形脉冲	9～10	01	多谐振荡器工作原理	识别、测试元件，理清电路的连接关系，输入与输出的分别	01	多谐振荡器的认识	1.5	多谐振荡器的概念、应用、分类	
							02	74LS04 认识	1.5	74LS04 引脚功能	封装、外观
							03	多谐振荡器框图及原理图	0.5	认清电路元件组成及作用；认清电路原理图和接线图的关系	
							04	多谐振荡器工作原理	0.5	多谐振荡器的工作过程；电路输出信号周期的计算	
							05E	任务检测	0		
				02	安装电路	装配多谐振荡器电路	01	元件选择	0.5		对照元件清单识别、检测并选用元器件
							02	图纸阅读、电路图绘制	0.5	电器元件布局规范	元件按电气规则布局安放
							03	安装工艺	0.5	整形工艺和安装顺序规范	元件按整形工艺规范和安装规范进行安装
							04	多谐振荡器的安装	0.5	焊接工艺规范	按焊接工艺进行焊接
							05	目检	0.5	质检意义	检查元件选用、安装位置正确性；整形工艺和焊接工艺。填写质量检验表
							06E	任务检测	0		
				03	调试与维修	工作参数测量和状态调试、设备性能指标撰写、简单故障判断与维修	01	检测电路安装是否正确	0.5		原理图和接线图对照检查
							02	电源接入	0.5		通电注意事项
							03	74LS04 各脚电压测量	0.5		电压测试及注意事项
							04	输出波形测试、电压测试	1		示波器观测波形、万用表测量直流电压，万用表测量通断
							05E	任务检测	0		
				04E	项目考核	考核多谐振荡器所有知识、技能			4	全部	全部

表 5.2（续）

项目编号	项目名称	项目概述	参考课时	任务编号	任务名称	任务概述	节段编号	教学节段	预设课时	包含知识点	包含技能点
DZDY-11	三极管与驱动	由三极管驱动发光二极管、蜂鸣器和继电器	10～12	01	认识项目元件	识别、测试元件	01	三极管的认识	1	三极管的材料和类型；三极管的结构、引脚、类型；三极管的图形符号、文字符号	三极管引脚判断
							02	三极管的工作状态	1	NPN、PNP 三极管各极电流关系；三极管的工作状态	
							03	认识蜂鸣器	0.5	蜂鸣器的作用、分类、符号；蜂鸣器的驱动方式、驱动电路的组成	蜂鸣器的引脚识别及好坏判断
							04	认识继电器	0.5	继电器的作用、分类、符号；继电器的参数及好坏检查；继电器的驱动方式、驱动电路的组成	继电器的引脚识别及好坏判断
				02	电路工作原理	熟悉三极管驱动电路原理	01	驱动的作用、分类	0.5	驱动的分类	
							02	三极管驱动电路工作原理	0.5	三极管驱动电路框图、原理图；NPN/PNP 输出与输入的关系	认清信号输入、输出
							03E	任务检测	0		
				03	电路安装与调试	装配三极管驱动电路电路	01	元件选择	0.5	根据负载选择元件参数	对照元件清单识别、检测并选用元器件
							02	元件布局	0.5	电器元件布局规范	元件按电气规则布局安放
							03	元件整形及安装	0.5	整形工艺和安装顺序规范	元件按整形工艺规范和安装规范进行安装
							04	焊接	0.5	焊接工艺规范	按焊接工艺进行焊接
							05	目检	0.5	质检意义	检查元件选用、安装位置正确性；整形工艺和焊接工艺。填写质量检验表
							06E	任务检测	0		
				04	电路安装与调试	工作参数测量和状态调试、设备性能指标撰写、简单故障判断与维修	01	NPN 驱动大功率发光二极管	0.5	电路结构与原理	万用表测量直流电压、电流
							02	函数信号发生器产生矩形波	0.5	几种常见波形的产生	示波器观测波形
							03	NPN 驱动蜂鸣器	1	电路结构与原理	示波器观测波形
							04	通过对比输入与输出，定位故障	2	观察输入/输出状态，测量相应电压	万用表测量直流电压，万用表测量通断
							05E	任务检测	0		
				05E	项目考核	考核三极管驱动电路所有知识、技能			4	全部	全部

表 5.2（续）

项目编号	项目名称	项目概述	参考课时	任务编号	任务名称	任务概述	节段编号	教学节段	预设课时	包含知识点	包含技能点
DZDY-12	反相放大器的认识	学习集成运放的基本知识，以及集成运放的基本特性，以及反相输入放大器的特点，反相放大器的原理和安装	12～16	01	认识	反相放大器的认识	01	集成运放的概念、符号及意义、组成及应用	0.5	集成运放的概念、符号及意义、组成及应用	
							02	集成运放 LM358 的认识	0.5	集成运放 LM358 的认识	封装、外观
							03	反相输入放大器的认识	1	反相放大器的概念	
							04E	任务检测	0		
				02	安装	反相放大器的安装	01	元器件的选择	1		对照元件清单识别、检测并选用元器件
							02	元器件的布局	1	电器元件布局规范	元件按电气规则布局安放
							03	元器件的安装	1	焊接工艺规范	按焊接工艺进行焊接
							04	安装自检	0.5	质检意义	检查元件选用、安装位置正确性；整形工艺和焊接工艺。填写质量检验表
							05E	任务检测	0		
				03	调测	反相放大器的调测	01	反相相放大器双电源供电	0.5	反相放大器双电源供电	直流电压测试，测试点的确定
							02	反相放大器静态工作点的测试	1	集成运放运算放大中静态工作点的概念	直流电压测试
							03	信号发生器产生指定波形	1	几种常见波形的产生	示波器观测波形
							04	双踪示波器观察输入、输出波形	1	输出与输入的观察	示波器观测波形
							05	有输入信号的反相放大器测试	1	放大倍数的计算	示波器的使用，函数发生器的使用
							06E	任务检测	0		
				04E	项目考核	所有			4	全部	全部

表 5.2（续）

项目编号	项目名称	项目概述	参考课时	任务编号	任务名称	任务概述	节段编号	教学节段	预设课时	包含知识点	包含技能点
DZDY-13	同相放大器的认识	学习集成运放的基本知识，以及集成运放的基本特性，以及同相输入放大器的特点，同相放大器的原理和安装	10～12	01	认识	同相放大器的认识	01	集成运放的概念、符号及意义、组成及应用	0.5	集成运放的概念、符号及意义、组成及应用复习	
							02	集成运放 LM358 引脚回顾	0.5		封装、外观
							03	同相输入放大器的认识	1	同相放大器的概念	
							04E	任务检测	0		
				02	安装	同相放大器的安装	01	元器件的选择	1		对照元件清单识别、检测并选用元器件
							02	元器件的布局	1	电器元件布局规范	元件按电气规则布局安放
							03	元器件的安装	1	焊接工艺规范	按焊接工艺进行焊接
							04	安装自检	0.5	质检意义	检查元件选用、安装位置正确性；整形工艺和焊接工艺。填写质量检验表
							05E	任务检测	0		
				03	调测	同相放大器的调测	01	同相相放大器双电源供电	0.5	同相放大器双电源供电	直流电压测试，测试点的确定
							02	同相放大器静态工作点的测试	1	集成运放运算放大中静态工作点的概念	直流电压测试
							03	有输入信号的同相放大器测试	1	放大倍数的计算	示波器的使用，函数发生器的使用
							04E	任务检测	0		
				04E	项目考核	所有			4	全部	全部

表 5.2（续）

项目编号	项目名称	项目概述	参考课时	任务编号	任务名称	任务概述	节段编号	教学节段	预设课时	包含知识点	包含技能点
DZDY-14	加法放大器的认识	学习集成运放的基本知识，以及集成运放的基本特性，以及加法输入放大器的特点，加法放大器的原理和安装	10～12	01	认识	加法放大器的认识	01	集成运放的概念、符号及意义、组成及应用	0.5	集成运放的概念、符号及意义、组成及应用复习	
							02	集成运放 LM358 引脚回顾	0.5		封装、外观
							03	加法输入放大器的认识	1	加法放大器的概念	
							04E	任务检测	0		
				02	安装	加法放大器的安装	01	元器件的选择	1		对照元件清单识别、检测并选用元器件
							02	元器件的布局	1	电器元件布局规范	元件按电气规则布局安放
							03	元器件的安装	1	焊接工艺规范	按焊接工艺进行焊接
							04	安装自检	0.5	质检意义	检查元件选用、安装位置正确性；整形工艺和焊接工艺。填写质量检验表
							05E	任务检测	0		
				03	调测	加法放大器的调测	01	加法放大器双电源供电	0.5	加法放大器双电源供电	直流电压测试，测试点的确定
							02	加法放大器静态工作点的测试	1	集成运放运算放大中静态工作点的概念	直流电压测试
							03	有输入信号的加法放大器测试	1	放大倍数的计算	示波器的使用，函数发生器的使用
							04E	任务检测	0		
				04E	项目考核	所有			4	全部	全部

表 5.2（续）

项目编号	项目名称	项目概述	参考课时	任务编号	任务名称	任务概述	节段编号	教学节段	预设课时	包含知识点	包含技能点
DZDY-15	减法器	学习应用集成运放实现两输入信号相减功能电路的工作原理、电路搭接、检测与维修	12～14	01	工作原理	进一步熟悉集成运放基础理论，熟悉LM358功能，掌握电路构成及原理	01	集成运放理论知识回顾	1	集成运放内部结构框图，集成运放的图形和文字符号，集成运放的参数及理想特性	
							02	集成块 LM358 再认识	0.5	LM358 性能指标，内部结构框图，供电方式	
							03	减法器电路结构	0.5	减法器基本电路图，用 LM358 实现的减法器电路结构	
							04	减法器工作原理	1	减法器输入和输出关系推导及应用计算	
							05E	任务检测	0		
				02	电路搭接	选择测量元器件，并在多孔板上完成电路搭接，走线美观、规范、正确	01	元件认识与测量	1	色环电阻的认读与测量方法，LM358 的引脚认识和内阻测量方法	色环电阻的认读与测量，LM358 的引脚认识和内阻测量
							02	印制板电路设计	0.5	了解电路布局的一般方法，完成印制电路设计	
							03	元件安装与焊接	1	元件整形方法，焊接方法及焊点工艺要求	元件整形，元件安装与焊接，元件的拆卸
							04	电路搭接	0.5	电路图到印制板图的转换	用导线搭接电路
							05E	任务检测	0		
				03	检测与维修	完成电路的上电，功能检测及简单故障的维修	01	调试前的准备	1	检查电路的方法，上电的步骤与方法	按规范要求上电
							02	电压测量	1	万用表测直流电压的方法，判定减法器是否正常工作的方法	完成规定电电压测量
							03	典型故障维修	1	了解电路故障维修的一般方法，学会用理论分析电路问题	通过电压测试法完成简单故障的维修工作
							04E	任务检测	0		
				04E	项目考核	所有			3	全部	全部

表 5.2（续）

项目编号	项目名称	项目概述	参考课时	任务编号	任务名称	任务概述	节段编号	教学节段	预设课时	包含知识点	包含技能点
DZDY-16	跟随器	学习应用集成运放实现电压跟随器功能电路的工作原理、电路搭接、检测与维修	9～11	01	工作原理	进一步熟悉集成运放基础理论，熟悉 LM358 功能，掌握电路构成及原理	01	集成运放理论知识回顾	1	集成运放内部结构框图，集成运放的图形和文字符号，集成运放的参数及理想特性	
							02	集成块 LM358 再认识	0.5	LM358 性能指标，内部结构框图，供电方式	
							03	跟随器电路结构	0.5	跟随器基本电路图，用 LM358 实现的跟随器电路结构	
							04	跟随器工作原理	1	跟随器输入和输出关系推导及应用计算	
							05E	任务检测	0		
				02	电路搭接	选择测量元器件，并在多孔板上完成电路搭接，走线美观、规范、正确	01	元件认识与测量	0.5	LM358 的引脚认识和内阻测量方法	LM358 的引脚认识和内阻测量
							02	印制板电路设计	0.5	了解电路布局的一般方法，完成印制电路设计	
							03	元件安装与焊接	1	焊接方法及焊点工艺要求	IC 安装与焊接，IC 的拆卸
							04	电路搭接	0.5	电路图到印制板图的转换	用导线搭接电路
							05E	任务检测	0		
				03	检测与维修	完成电路的上电，功能检测及简单故障的维修	01	调试前的准备	1	检查电路的方法，上电的步骤与方法	按规范要求上电
							02	电压测量	0.5	万用表测直流电压的方法，判定减法器是否正常工作的方法	完成规定电电压测量
							03	典型故障维修	0.5	了解电路故障维修的一般方法，学会用理论分析电路问题	通过电压测试法完成简单故障的维修工作
							04E	任务检测	0		
				04E	项目考核	所有			2	全部	全部

表 5.2（续）

项目编号	项目名称	项目概述	参考课时	任务编号	任务名称	任务概述	节段编号	教学节段	预设课时	包含知识点	包含技能点
DZDY-17	乙类功率放大器	学习应用集成运放LM358为中心的功率放大电路的工作原理、电路搭接、检测与维修	19～21	01	工作原理	功率放大器的要求、分类、基本工作原理，由LM386构成的功放电路及原理分析	01	对功率放大器的基本要求	1	对功率放大器的四点特殊要求	
							02	功率放大器的分类	0.5	功放按工作点分类，按耦合方式分类	
							03	OTL 功率放大器	2	电路结构，各元件作用，工作原理	
							04	LM386 认识	1	LM386 性能参数	
							05	有LM386构成的功率放大器电路及原理。	1	电路图，信号流程，各元件作用	
							06E	任务检测	0		
				02	电路搭接	选择测量元器件，并在多孔板上完成功放电路搭接，走线美观、规范、正确	01	元件认识与测量	2	色环电阻、电位器、电容、发光二极管、扬声器的认读与测量方法，LM358 的引脚认识和内阻测量方法	色环电阻、电位器、电容、发光二极管、扬声器的认读与测量，LM358的引脚认识和内阻测量
							02	印制板电路设计	0.5	了解电路布局的一般方法，完成印制电路设计	
							03	元件安装与焊接	2	元件整形方法，焊接方法及焊点工艺要求	元件整形，元件安装与焊接，元件的拆卸
							04	电路搭接	1	电路图到印制板图的转换	用导线正确规范搭接电路
							05E	任务检测	0		
				03	检测与维修	完成电路的上电，功能检测及简单故障的维修	01	调试前的准备	1	检查电路的方法，上电的步骤与方法	按规范要求上电
							02	电压测量	1	万用表测直流电压的方法，判定减法器是否正常工作的方法	完成规定电电压测量
							03	典型故障维修	2	了解电路故障维修的一般方法，学会用理论分析电路问题	通过电压测试法完成简单故障的维修工作
							04E	任务检测	0		
				04E	项目考核	所有			4	全部	全部

表 5.2（续）

项目编号	项目名称	项目概述	参考课时	任务编号	任务名称	任务概述	节段编号	教学节段	预设课时	包含知识点	包含技能点
DZDY-18	过N比较器	学习以LM358为核心的比较器的比较原理、电路搭建及调试与维修	10～12	01	认识过N比较器	本任务首先认识集成运算放大器及其特性，然后认识比较器在生活中的应用，最后分析过N比较器的框图与工作原理图	01	认识集成运放	1	集成运放的外观、图形符号；理想集成运放的特性	DIP、SOP封装的测量
							02	初识过N比较	0.5	观察并总结N点与被比较对象	
							03	初识过N比较器框图	0.5	认识比较器的框图组成：参考点、比较输入、比较器、比较输出	
							04	过N比较器原理图识读	1	理想集成运放开环放大倍数在比较器中的应用；参考电压的产生与计算；比较信号的输入；比较信号的输出与指示	
							05E	任务检测	0		
				02	过N比较器的安装	本任务首先从元件的识测、整形，然后到元件的布局，最后进行电路搭建	01	元件的识测	0.5		色环电阻的识测、精密电位器的识测、发光二极管的识测
							02	元件的整形	0.5		工艺卡片的识读与填写；根据工艺卡片要求，完成相关元件的整形
							03	元件的布局	0.5		在万能板上完成元件的布局并考虑走线的合理性
							04	电路的搭建	1		电烙铁的使用；元件的焊接；电路的搭建

表 5.2（续）

项目编号	项目名称	项目概述	参考课时	任务编号	任务名称	任务概述	节段编号	教学节段	预设课时	包含知识点	包含技能点
DZDY-18	过N比较器	学习以LM358为核心的比较器的比较原理、电路搭建及调试与维修	10～12	02	过N比较器的安装	本任务首先从元件的识测、整形，然后到元件的布局，最后进行电路搭建	05	目检	0.5		连接关系与电路原理图的一致性元件及参数的选择；元件整件；焊接工艺
							06E	任务检测	0		
				03	过N比较器的调试与维修	本任务首先输入直流信号与参考电压比较、然后输入交流信号与参考电压比较、最后进行电路故障分析	01	直流比较	1	分析比较输入电压、参考电压（N点）与输出电压之间的关系	万用表测量直流电压；通过调节电位器改变N点；使用万用表监测比较输入电压；使用万用表监测比较输出电压
							02	交流比较	1	分析输入、输出波形	使用函数信号发生器产生特定波形；使用双踪示波器同时观测输入、输出波形
							03	故障分析	1	模拟参考电压被分别短接到电源VCC与地GND时的输出情况	
							04E	任务检测	0		
				04E	项目考核	所有			2	全部	全部

表 5.2（续）

项目编号	项目名称	项目概述	参考课时	任务编号	任务名称	任务概述	节段编号	教学节段	预设课时	包含知识点	包含技能点
DZDY-19	滞回比较器	学习以LM358为核心的滞回比较器的比较原理、电路搭建及调试与维修	12～14	01	认识滞回比较器	本任务首先了解滞回比较器及其应用，然后认识滞回比较器的框图，最后分析滞回比较器的工作原理图与阈值的推导	01	了解滞回比较器	0.5	比较器的输出状态（高电平/低电平）；滞回比较器的名称；滞回比较器与过N比较器的异同；滞回比较器的应用	
							02	认识滞回比较器的框图	0.5	滞回比较器的组成；各组成部分的作用；滞回比较器的框图与过N比较器的框图的异同	
							03	分析比较原理	1	同相输入端的电位高于反相输入端的电位，则输出为高电平，反之则输出为低电平；输出为高电平时同相输入端的等效电路；输出为低时的时同相输入端的等效电路	
							04	推导阈值	1	利用复杂直流电路的分析方法推导上、下阈值	
							05E	任务检测	0		
				02	滞回比较器的安装	本任务首先从元件的识测、整形，然后到元件的布局，最后进行电路搭建	01	元件的识测	0.5		色环电阻的识测
							02	元件的整形	0.5		工艺卡片的识读与填写；根据工艺卡片要求，完成相关元件的整形
							03	元件的布局	0.5		在万能板上完成元件的布局并考虑走线的合理性
							04	电路的搭建	1		电烙铁的使用；元件的焊接；电路的搭建
							05	目检	0.5		连接关系与电路原理图的一致性；元件及参数的选择；元件整件；焊接工艺
							06E	任务检测	0		

表 5.2（续）

项目编号	项目名称	项目概述	参考课时	任务编号	任务名称	任务概述	节段编号	教学节段	预设课时	包含知识点	包含技能点
DZDY-19	滞回比较器	学习以LM358为核心的滞回比较器的比较原理、电路搭建及调试与维修	12～14	03	滞回比较器的调试与维修	本任务首先观测滞回比较器的输入与输出波形、然后通过更改电路核心元件参数，再次观测输入与输出波形、最后进行电路故障分析	01	观测滞回比较器	1	观测滞回比较器的输入、输出波形，分析原因	使用函数信号发生器产生特定波形；使用双踪示波器同时观测输入、输出波形从输入、输出波形的对比中读取上、下阈值
							02	更改电路参数一	1	观测滞回比较器的输入、输出波形，分析原因	更换元件（正反馈电阻）；使用函数信号发生器产生特定波形；使用双踪示波器同时观测输入、输出波形；从输入、输出波形的对比中读取上、下阈值
							03	更改电路参数二	1	观测滞回比较器的输入、输出波形，分析原因	添加元件（输出限幅二极管）；使用函数信号发生器产生特定波形；使用双踪示波器同时观测输入、输出波形；从输入、输出波形的对比中读取上、下阈值
							04	故障分析	2	分析断开正反馈电阻前后，输出波形的变化，分析其原因；分别有/无输出限幅二极管时，输出波形的变化 ，分析其原因	使用函数信号发生器产生特定波形；使用双踪示波器同时观测输入、输出波形；读取波形参数
							05E	任务检测	0		
				04E	项目考核	所有			2	全部	全部

表 5.2（续）

项目编号	项目名称	项目概述	参考课时	任务编号	任务名称	任务概述	节段编号	教学节段	预设课时	包含知识点	包含技能点
DZDY-20	文氏桥振荡器	学习以LM358为核心的文氏桥振荡器的工作原理、电路搭建及调试与维修	11～13	01	认识文氏桥振荡器	本任务首先了解文氏桥振荡器及其应用，然后认识文氏桥振荡器的框图，最后分析文氏桥振荡器的工作原理图与振荡频率的计算	01	了解文氏桥振荡器	0.5	振荡的概念；振荡产生的条件；文氏桥振荡器的来历及应用场合	
							02	认识文氏桥振荡器的框图	0.5	文氏桥振荡器的组成；各组成部分的作用	
							03	分析振荡原理	1	同相放大器的工作原理；*RC* 串并联选频网络的反馈系数；振荡条件：相位平衡、振幅平衡	
							04	计算振荡频率	1	*RC* 串并联选频网络的频率特性；文氏桥振荡器的振荡频率	
							05E	任务检测	0		
				02	文氏桥振荡器的安装	本任务首先从元件的识测、整形，然后到元件的布局，最后进行电路搭建	01	元件的识测	0.5		色环电阻的识测、瓷片电容的识别、钽电容的识别、精密电位器的识测
							02	元件的整形	0.5		工艺卡片的识读与填写根据工艺卡片要求，完成相关元件的整形
							03	元件的布局	0.5		在万能板上完成元件的布局并考虑走线的合理性
							04	电路的搭建	1		电烙铁的使用；元件的焊接；电路的搭建
							05	目检	0.5		连接关系与电路原理图的一致性；元件及参数的选择；元件整件；焊接工艺
							06E	任务检测	0		

表 5.2（续）

项目编号	项目名称	项目概述	参考课时	任务编号	任务名称	任务概述	节段编号	教学节段	预设课时	包含知识点	包含技能点
DZDY-20	文氏桥振荡器	学习以LM358为核心的文氏桥振荡器的工作原理、电路搭建及调试与维修	11～13	03	文氏桥振荡器的调试与维修	本任务首先观测文氏桥振荡器的起振、其次分析起振时的电路状态、再次及分析输出波形的失真、最后进行电路故障分析	01	起振观测	1		使用示波器监测测，输出波形的同时慢速调节电位器（0～100k），使输出刚刚起振，记录相关参数；使用示波器监测测，输出波形的同时慢速调节电位器（100k～0），使波形刚刚消失，记录相关参数
							02	同相放大器的放大倍数	1	计算输出刚刚起振时，同相放大器的放大位数	
							03	失真观测	1	分析输出波形失真的原因	起振后继续调节电位器，增加同相放大器的放大倍数，观测并记录输出波形
							04	故障分析	1	分析断开电位器后输出波形形成的原因	使用示波器观测并记录输出波形
							05E	任务检测	0		
				04	项目考核	所有			2	全部	全部

表 5.2（续）

项目编号	项目名称	项目概述	参考课时	任务编号	任务名称	任务概述	节段编号	教学节段	预设课时	包含知识点	包含技能点
DZDY-21	数模转换器	识别、测试元件、理清电路连接关系与输入输出关系，熟悉转换原理、装配并调试	11～12	01	认识项目元件、熟悉电路连接关系、理解电路过程	识别、测试元件、理清电路连接关系与输入/输出关系，熟悉转换原理	01	DAC0832 数模转换器认识	0.5	数模转换的概念、分类、应用	
							02	DAC0832 数模转换器引脚功能及内部结构、转换原理、工作过程	1.5	引脚功能表、认识数模转换器原理框图钟输入、转换输出部分、使 DAC0832 工作于不同方式、模拟量与参考电压和 8 位数字信号间的关系	封装、外观、万用表测量直流电压、万用表测量直流电流、直流电压
							03	LM358 集成运放引脚功能	1.5	引脚功能表	封装、外观
							04E	任务检测			
				02	安装电路	装配数模转换器电路	01	元件选择	0.5		对照元件清单识别、检测并选用元器件
							02	元件布局	0.5	电器元件布局规范	元件按电气规则布局安放
							03	元件整形及安装	0.5	整形工艺和安装顺序规范	元件按整形工艺规范和安装规范进行安装
							04	焊接	0.5	焊接工艺规范	按焊接工艺进行焊接
							05	目检	0.5	质检意义	检查元件选用、安装位置正确性；整形工艺和焊接工艺；填写质量检验表
							06E	任务检测			
				03	调试与维修	工作参数测量和状态调试、设备性能指标撰写、简单故障判断与维修	01	改变五位拨动开关改变 DAC0832 的工作方式，改变八位拨动开关改变 DAC0832 的八位数字量输入，观察输出变化情况	1	输入数字量对输出模拟量的影响	万用表测量直流电压
							02	改变八位拨动开关改变 DAC0832 的八位数字量输入使其从 00H 递增至 FFH，观察输出变化情况	1	输入数字量与输出模拟量关系	万用表测量直流电压
							03	补充完整数模转换器转换表	1	理解 DAC0832 工作原理	万用表测量直流电压
							04	通过对比输入与输出，定位故障	2	观察输入/输出状态，测量相应电压	万用表测量直流电压，万用表测量通断
							05E	任务检测			
				04E	项目考核	考核数模转换器所有知识、技能			4	全部	全部

表 5.2（续）

项目编号	项目名称	项目概述	参考课时	任务编号	任务名称	任务概述	节段编号	教学节段	预设课时	包含知识点	包含技能点
DZDY-22	模数转换器	识别、测试元件、理清电路连接关系与输入输出关系，熟悉转换原理、装配并调试	13～14	01	认识项目元件、熟悉项目电路连接关系、理解电路工作过程	识别、测试元件、理清电路的连接关系，输入与输出的分别、熟悉模数转换器原	01	模数转换器认识	0.5	模数转换的概念、分类、应用	
							02	ADC0809 模数转换器引脚功能及内部结构	1.5	引脚功能表	封装、外观
							03	六位拨码开关产生控制信号	0.5	开关产生高低电平的分类	
							04	电位器分压产生模拟输入信号	0.5	电位器分压原理	万用表测量直流电压
							05	八路 LED 电平指示	0.5	LED 电平指示电路	
							06	函数信号发生器产生转换时钟	0.5	函数信号发生器产生方波信号	
							07	模数转换器原理框图	0.5	认识模数转换器原理框图中的输入、转换、输出部分	
							08	控制信号作用	0.5	地址及锁存信号、启动转换信号	万用表测量直流电压
							09	输入模拟量与八位数字输出信号的关系	0.5	八位数字信号与模拟量与参考电压间的关系	万用表测量直流电流、直流电压
							10	模数转换器工作原理	0.5		
							11E	任务检测			
				02	安装电路	装配模数转换器电路	01	元件选择	0.5		对照元件清单识别、检测并选用元器件
							02	元件布局	0.5	电器元件布局规范	元件按电气规则布局安放
							03	元件整形及安装	0.5	整形工艺和安装顺序规范	元件按整形工艺规范和安装规范进行安装

表 5.2（续）

项目编号	项目名称	项目概述	参考课时	任务编号	任务名称	任务概述	节段编号	教学节段	预设课时	包含知识点	包含技能点
DZDY-22	模数转换器	识别、测试元件、理清电路连接关系与输入输出关系，熟悉转换原理、装配并调试	13～14	02	安装电路	装配模数转换器电路	04	焊接	0.5	焊接工艺规范	按焊接工艺进行焊接
							05	目检	0.5	质检意义	检查元件选用、安装位置正确性；整形工艺和焊接工艺。填写质量检验表
							06E	任务检测			
				03	调试与维修	工作参数测量和状态调试、设备性能指标撰写、简单故障判断与维修	01	改变五位拨动开关以选择模拟量输入通路	1	三位地址与输入之间的对应关系	万用表测量直流电压
							02	调节电位器以获得不同大小的模拟电压，然后改变拨动开关启动AD 转换，观察八路 LED 电平状态	1	输入模拟量与输出数字量关系	万用表测量直流电压
							03	补充完整模数转换器转换表	1	理解 ADC0809 工作原理	万用表测量直流电压
							04	通过对比输入与输出，定位故障	2	观察输入/输出状态，测量相应电压	万用表测量直流电压，万用表测量通断
							05E	任务检测			
				04E	项目考核	考核模数转换器所有知识、技能			4	全部	全部

三、综合模块项目规划书（见表 5.3）

表 5.3　综合模块项目规划书

项目编号	项目名称	项目概述	参考课时	任务编号	任务名称	任务概述	节段编号	教学节段	预设课时	包含知识点	包含技能点
DZZH-01	光报警器	把光敏器件（光敏电阻）、过N比较器、蜂鸣器报警电路等模块构成一个能实现光照报警的电子产品	18～22	01	光敏电阻	光敏三极管使用说明书阅读，通电测试	01	阅读说明书	1	光敏器件原理、应用电路、参数	
							02	通电测试	1		测试光敏电阻的灵敏度
							03E	任务检测			
				02	过N比较器	用比较器（用变阻器）做信号比较	01	比较器工作原理	1	熟悉电路、输入/输出信号关系	
							02	灵敏度测试	2	组合简单单元电路和元件，构成特定功能的模块电路	信号输入/输出及信号波形和参数记录
							03E	任务检测			
				03	报警电路	蜂鸣器构成报警电路	01	蜂鸣器构成的报警电路测试	2		测蜂鸣器工作情况
							02E	任务检测			
				04	模块组合和信号分析	由模块组成功能性产品	01	构成框图及信号流程分析	1	构图、功能和信号分析	
							02	模块电路间模拟连接	1	在纸上进行各单元模块间进行电源、输入/输出的线路模拟连接	
							03	模块电路实物连接	2		在各单元模块间进行电源、输入/输出的线路实物连接，并检查评价
							04E	任务检测			
				05	联调联测	产品调试及说明	01	各模块信号测量及调试	3		通电测量各模块的工作状态，调整工作状态
							02	产品说明书编制	2	对该电子产品进行功能说明、操作说明和主要参数说明	
							03E	任务检测			
				06	项目考核			所有	4	缺少或替换其中1～2个模块；变更模块参数	全部

表 5.3（续）

项目编号	项目名称	项目概述	参考课时	任务编号	任务名称	任务概述	节段编号	教学节段	预设课时	包含知识点	包含技能点
DZZH-02	金属计数器	把金属传感器、同相输入放大器、过N比较器、计数器、译码器、电源指示电路等模块构成一个能实现计数显示功能的电子产品	24～26	01	传感（金属）	金属传感器（通用型）使用说明书阅读，通电测试	01	阅读说明书	1	金属传感器原理、应用电路、参数	
							02	通电测试	1		测试金属传感器的工作情况，记录工作情况
							03E	任务检测	0		
				02	同相输入放大器	同相输入放大器的放大应用	01	同相放大器工作原理	1	熟悉电路、放大倍数计算及调整	
							02	同相放大器放大测试	1		信号输入/输出及放大量调整，信号参数记录
							03E	任务检测	0		
				03	过零整形	用过零比较器做波形整形	01	过零比较器工作原理	1	熟悉电路、输入/输出信号关系	
							02	过零比较器测试	1		信号输入/输出及信号波形和参数记录
							03E	任务检测	0		
				04	计数器74LS161	用计数器实现输入信号的计数	01	计数器74LS161工作原理	1	熟悉电路、计数过程与控制	
							02	计数测试	1		计数输入/输出及控制，信号记录
							03E	任务检测	0		
				05	数码和译码器CD4511	4511十进制译码和显示	01	数码管译码显示原理	1	熟悉电路、显示译码与控制	
							02	译码显示测试	1		测试译码显示情况
							03E	任务检测	0		
				06	指示电路	发光二极管指示电路	01	指示电路保护性测试	1	熟悉电路、电压关系	测试电路输出电压
							02E	任务检测	0		

表 5.3（续）

项目编号	项目名称	项目概述	参考课时	任务编号	任务名称	任务概述	节段编号	教学节段	预设课时	包含知识点	包含技能点
DZZH-02	金属计数器	把金属传感器、同相输入放大器、过n比较器、计数器、译码器、电源指示电路等模块构成一个能实现计数显示功能的电子产品	24～26	07	模块组合和信号分析	由模块组成功能性产品	01	构成框图及信号流程分析	1	构图、功能和信号分析	
							02	模块电路间模拟连接	1	各单元模块间进行电源、输入/输出的线路模拟连接	
							03	模块电路实物连接	2		在各单元模块间进行电源、输入/输出的线路实物连接，并检查评价
							04E	任务检测	0		
				08	联调联测	产品调试及说明	01	各模块信号测量及调试	3		通电测量各模块的工作状态，调整工作状态
							02	产品说明书编制	2	对该电子产品进行功能说明、操作说明和主要参数说明	
							03E	任务检测	0		
				09E	项目考核	所有			4	缺少或替换其中 1～2 个模块；变更模块参数	全部

表 5.3（续）

项目编号	项目名称	项目概述	参考课时	任务编号	任务名称	任务概述	节段编号	教学节段	预设课时	包含知识点	包含技能点
DZZH-03	噪音报警器	把声音传感器、过N比较器蜂鸣器、报警电路等模块构成一个能噪音报警的电子产品	18～22	01	声音传感器	声音传感器使用说明书阅读，通电测试	01	阅读说明书	1	声音传感器原理、应用电路、参数	
							02	通电测试	1		测试声音传感器的工作情况，记录工作情况
							03E	任务检测			
				02	过N整形	用比较器（根据变阻器调试灵敏度）做波形整形	01	比较器工作原理	1	熟悉电路、输入/输出信号关系	
							02	灵敏度测试	2		信号输入/输出及信号波形和参数记录
							03E	任务检测			
				03	报警电路	采用有源蜂鸣器构成报警电路	01	蜂鸣器构成的报警电路测试	1	熟悉单元电路的设计测试	
							02		1	组合简单单元电路和元件，构成特定功能的模块电路	测蜂鸣器工作情况
							03E	任务检测			
				04	模块组合和信号分析	由模块组成功能性产品	01	构成框图及信号流程分析	1	构图、功能和信号分析	
							02	模块电路间模拟连接	1	各单元模块间进行电源、输入/输出的线路模拟连接	
							03E	模块电路实物连接	2		在各单元模块间进行电源、输入/输出的线路实物连接，并检查评价
								任务检测			
				05	联调联测	产品调试及说明	01	各模块信号测量及调试	3		通电测量各模块的工作状态，调整工作状态
							02	产品说明书编制	2	对该电子产品进行功能说明、操作说明和主要参数说明	
							03E	任务检测			
				06	项目考核	所有			4	缺少或替换其中1～2 个模块；变更模块参数	全部

表 5.3（续）

项目编号	项目名称	项目概述	参考课时	任务编号	任务名称	任务概述	节段编号	教学节段	预设课时	包含知识点	包含技能点
DZZH-04	自动计数器	把光电传感器、反相输入放大器、过零比较器、计数器、译码器、电源等模块构成一个能实现计数显示功能的电子产品	24～26	01	传感（光电）	光电传感器使用说明书阅读，通电测试	01	阅读说明书	1	光电传感器原理、应用电路、参数	
							02	通电测试	1		测试光电传感器的工作情况，记录工作情况
							03E	任务检测			
				02	反相放大	反相输入放大器的放大应用	01	反相放大器工作原理	1	熟悉电路、放大倍数计算及调整	
							02	反相放大器放大测试	1		信号输入/输出及放大量调整，信号参数记录
							03E	任务检测			
				03	过零整形	用过零比较器做波形整形	01	过零比较器工作原理	1	熟悉电路、输入/输出信号关系	
							02	过零比较器测试	1		信号输入/输出及信号波形和参数记录
							03E	任务检测			
				04	计数器74LS161	用计数器实现输入信号的计数	01	74LS161 工作原理	1	熟悉电路、计数过程与控制	
							02	计数测试	1		计数输入/输出及控制，信号记录
							03E	任务检测			
				5	数码显示和译码器CD4511	CD4511十进制译码和显示	01	数码管译码显示原理	1	熟悉电路、显示译码与控制	
							02	译码显示测试	1		测试译码显示情况
							03E	任务检测			
				06	电源和指示	稳压电源	01	整流滤波稳压原理	1	熟悉电路、电压关系	
							02	电源测试	1		测试电压供出情况
							03E	任务检测			
				07	模块组合和信号分析	由模块组成功能性产品	01	构成框图及信号流程分析	1	构图、功能和信号分析	
							02	模块电路间模拟连接	1	在纸上进行各单元模块间进行电源、输入/输出的线路模拟连接	
							03	模块电路相互连接	1		在各单元模块间进行电源、输入/输出的线路实物连接，并检查评价
							04E	任务检测			
				08	联调联测	产品调试及说明	01	各模块信号测量及调试	2		通电测量各模块的工作状态，调整工作状态
							02	产品说明书编制	2	对该电子产品进行功能说明、操作说明和主要参数说明	
							03E	任务检测			

四、自动控制模块项目规划书（见表 5.4）

表 5.4 自动控制模块项目规划书

项目编号	项目名称	项目概述	参考课时	任务编号	任务名称	任务概述	节段编号	教学节段 z	预设课时	包含知识点	包含技能点
DGDQ-01	电机单向自锁（点动）运行	学习使用低压电器去控制三相异步电动机作单向自锁（点动）运转和保护的原理、电路设计、安装、检测和维修	12～16	01	工作原理	明确实现低压电器控制三相异步电动机单向自锁（点动）运转的控制电路及其工作过程	01	理解项目	0.5	分析给定的项目情景，明确完成的功能，完成功能的典型电路或控制	
							02	提出控制思路，画出控制方框图	0.5	描述控制思路，绘制控制方框图	
							03	绘制控制电路连接图	1	参照电路原理图绘制低压电器控制三相异步电动机单向自锁（点动）运转电路连接图	
							04	选择电路元件并标识	1	计算电参量，选择元件型号或参数并标识于图中	
							05E	任务检测			
				02	安装	按国标规范和工艺规范安装电路	01	选择电路元件和器材	0.5		按电路原理图编制器材清单，选择安装用器材
							02	元件布局并绘制布局图	0.5	电气元件间距、方向规范	进行元件布局，绘制布局图
							03	元件安装	0.5	电气元件稳固、方向规范	按布局图固定元器件
							04	端子排分配并绘制端子接线图	0.5	端子排分配原则，端子编号规范	分配接线端子的端口，绘制端口接线图
							05	线槽制作与安装	0.5	线槽制作规范	线槽切割与安装
							06	元件接线及线号标识	1	做线工艺规范；线号标识规范；接线工艺规范	制线，制号码管，按电路原理图逐条连接线路
							07E	任务检测			

表 5.4（续）

项目编号	项目名称	项目概述	参考课时	任务编号	任务名称	任务概述	节段编号	教学节段 z	预设课时	包含知识点	包含技能点
DGDQ-01	电机单向自锁（点动）运行	学习使用低压电器去控制三相异步电动机作单向自锁（点动）运转和保护的原理、电路设计、安装、检测和维修	12～16	03	检测	按国标低压电气设备验收规范和工艺规范检查电路的正确性和规范性	01	目检（工艺检查）	0.5	工艺规范	按线色、走向、牢固性等工艺规范验收安装的电路
							02	万用表连接关系校对	0.5	万用表校对连接正确性方法	按电路原理图逐条校对连接正确性
							03	绝缘检测	0.5	绝缘检测方法及流程	相地、零地绝缘测试，不小于 1MΩ
							04	接地连续性检测	0.5	接地电阻检测方法及流程	所有接地点接地电阻测试，不大于 0.5Ω
							05E	任务检测			
				04	调试	功能验证，参数检测与故障排除	01	功能调试，安全测试	0.5	整定电流设定原则，送电和断电规范，漏电保护试验原理	运行参数设置，操作功能调试，保护功能调试
							02	运行参数检测	0.5	电流监测、电压监测和温度监测意义与方法	运行电流检测、运行电压检测、运行温度检测
							03	模拟故障及排除 1	1	开路性故障判断与检修方法	断路性故障分析与排除
							04	模拟故障及排除 2	1	短路性故障判断与检修方法	短路性故障分析与排除
							05E	任务检测			
				05E	项目考核	所有			4	全部	全部

表 5.4（续）

项目编号	项目名称	项目概述	参考课时	任务编号	任务名称	任务概述	节段编号	教学节段	预设课时	包含知识点	包含技能点
DGDQ-02	电机可逆运行（行程开关）	学习使用行程开关控制三相异步电动机可逆运行和保护的原理、电路设计、安装、检测和维修	12～16	01	工作原理	明确实现行程开关控制三相异步电动机可逆运行的控制电路及其工作过程	01	理解项目	0.5	分析给定的项目情景，明确完成的功能，完成功能的典型电路或控制	
							02	提出控制思路，画出控制方框图	0.5	描述控制思路，绘制控制方框图	
							03	绘制控制电路连接图	1	参照电路原理图绘制行程开关控制三相异步电动机可逆运行电路连接图	
							04	选择电路元件并标识	0.5	计算电参量，选择元件型号或参数并标识于图中	
							05E	任务检测	0		
				02	安装	按国标规范和工艺规范安装电路	01	选择电路元件和器材	0.5		按电路原理图编制器材清单，选择安装用器材
							02	元件布局并绘制布局图	0.5	电气元件间距、方向规范	进行元件布局，绘制布局图
							03	元件安装	0.5	电气元件稳固、方向规范	按布局图固定元器件
							04	端子排分配并绘制端子接线图	0.5	端子排分配原则，端子编号规范	分配接线端子的端口，绘制端口接线图
							05	线槽制作与安装	0.5	线槽制作规范	线槽切割与安装
							06	元件接线及线号标识	1	做线工艺规范；线号标识规范；接线工艺规范	制线，制号码管，按电路原理图逐条连接线路
							07E	任务检测	0		

表 5.4（续）

项目编号	项目名称	项目概述	参考课时	任务编号	任务名称	任务概述	节段编号	教学节段	预设课时	包含知识点	包含技能点
DGDQ-02	电机可逆运行（行程开关）	学习使用行程开关控制三相异步电动机可逆运行和保护的原理、电路设计、安装、检测和维修	12～16	03	检测	按国标低压电气设备验收规范和工艺规范检查电路的正确性和规范性	01	目检（工艺检查）	0.5	工艺规范	按线色、走向、牢固性等工艺规范验收安装的电路
							02	万用表连接关系校对	0.5	万用表校对连接正确性方法	按电路原理图逐条校对连接正确性
							03	绝缘检测	0.5	绝缘检测方法及流程	相地、零地绝缘测试，不小于1MΩ
							04	接地连续性检测	0.5	接地电阻检测方法及流程	所有接地点接地电阻测试，不大于0.5Ω
							05E	任务检测	0		
				04	调试	功能验证，参数检测与故障排除	01	功能调试，安全测试	0.5	整定电流设定原则，送电和断电规范，漏电保护试验原理	运行参数设置，操作功能调试，保护功能调试
							02	运行参数检测	0.5	电流监测、电压监测和温度监测意义与方法	运行电流检测、运行电压检测、运行温度检测
							03	模拟故障及排除 1	1	开路性故障判断与检修方法	断路性故障分析与排除
							04	模拟故障及排除 2	1	短路性故障判断与检修方法	短路性故障分析与排除
							05E	任务检测	0		
				05E	项目考核	所有			4	全部	全部

表 5.4（续）

项目编号	项目名称	项目概述	参考课时	任务编号	任务名称	任务概述	节段编号	教学节段	预设课时	包含知识点	包含技能点
DGDQ-03	电机星形-三角形启动（时间继电器）	学习使用时间继电器控制三相异步电动机由星形到三角形的自动转换的原理、电路设计、安装、检测和维修	12～16	01	工作原理	明确实现电机星形-三角形启动（时间继电器）的控制电路及其工作过程	01	理解项目	0.5	分析给定的项目情景，明确完成的功能，完成功能的典型电路或控制	
							02	提出控制思路，画出控制方框图	0.5	描述控制思路，绘制控制方框图	
							03	绘制控制电路连接图	1	参照电路原理图绘制行程开关控制三相异步电动机可逆运行电路连接图	
							04	选择电路元件并标识	0.5	计算电参量，选择元件型号或参数并标识于图中	
							05E	任务检测	0		
				02	安装	按国标规范和工艺规范安装电路	01	选择电路元件和器材	0.5		按电路原理图编制器材清单，选择安装用器材
							02	元件布局并绘制布局图	0.5	电气元件间距、方向规范	进行元件布局，绘制布局图
							03	元件安装	0.5	电气元件稳固、方向规范	按布局图固定元器件
							04	端子排分配并绘制端子接线图	0.5	端子排分配原则，端子编号规范	分配接线端子的端口，绘制端口接线图
							05	线槽制作与安装	0.5	线槽制作规范	线槽切割与安装
							06	元件接线及线号标识	1	做线工艺规范；线号标识规范；接线工艺规范	制线，制号码管，按电路原理图逐条连接线路
							07E	任务检测	0		

表 5.4（续）

项目编号	项目名称	项目概述	参考课时	任务编号	任务名称	任务概述	节段编号	教学节段	预设课时	包含知识点	包含技能点
DGDQ-03	电机星形-三角形启动（时间继电器）	学习使用时间继电器控制三相异步电动机由星形到三角形的自动转换的原理、电路设计、安装、检测和维修	12～16	03	检测	按国标低压电气设备验收规范和工艺规范检查电路的正确性和规范性	01	目检（工艺检查）	0.5	工艺规范	按线色、走向、牢固性等工艺规范验收安装的电路
							02	万用表连接关系校对	0.5	万用表校对连接正确性方法	按电路原理图逐条校对连接正确性
							03	绝缘检测	0.5	绝缘检测方法及流程	相地、零地绝缘测试，不小于 1MΩ
							04	接地连续性检测	0.5	接地电阻检测方法及流程	所有接地点接地电阻测试，不大于 0.5Ω
							05E	任务检测	0		
				04	调试	功能验证，参数检测与故障排除	01	功能调试，安全测试	0.5	整定电流设定原则，送电和断电规范，漏电保护试验原理	运行参数设置，操作功能调试，保护功能调试
							02	运行参数检测	0.5	电流监测、电压监测和温度监测意义与方法	运行电流检测、运行电压检测、运行温度检测
							03	模拟故障及排除 1	1	开路性故障判断与检修方法	断路性故障分析与排除
							04	模拟故障及排除 2	1	短路性故障判断与检修方法	短路性故障分析与排除
							05E	任务检测	0		
				05E	项目考核	所有			4	全部	全部

表 5.4（续）

项目编号	项目名称	项目概述	参考课时	任务编号	任务名称	任务概述	节段编号	教学节段	预设课时	包含知识点	包含技能点
DGDQ-04	双速电机速度继电器	学习使用速度继电器控制三相异步电动机双速运行和保护的原理、电路设计、安装、检测和维修	12～16	01	工作原理	明确实现双速电机速度继电器的控制电路及其工作过程	01	理解项目	0.5	分析给定的项目情景，明确完成的功能，完成功能的典型电路或控制	
							02	提出控制思路，画出控制方框图	0.5	描述控制思路，绘制控制方框图	
							03	绘制控制电路连接图	1	参照电路原理图绘制行程开关控制三相异步电动机可逆运行电路连接图	
							04	选择电路元件并标识	0.5	计算电参量，选择元件型号或参数并标识于图中	
							05E	任务检测	0		
				02	安装	按国标规范和工艺规范安装电路	01	选择电路元件和器材	0.5		按电路原理图编制器材清单，选择安装用器材
							02	元件布局并绘制布局图	0.5	电气元件间距、方向规范	进行元件布局，绘制布局图
							03	元件安装	0.5	电气元件稳固、方向规范	按布局图固定元器件
							04	端子排分配并绘制端子接线图	0.5	端子排分配原则，端子编号规范	分配接线端子的端口，绘制端口接线图
							05	线槽制作与安装	0.5	线槽制作规范	线槽切割与安装
							06	元件接线及线号标识	1	做线工艺规范；线号标识规范；接线工艺规范	制线，制号码管，按电路原理图逐条连接线路
							07E	任务检测	0		

表 5.4（续）

项目编号	项目名称	项目概述	参考课时	任务编号	任务名称	任务概述	节段编号	教学节段	预设课时	包含知识点	包含技能点
DGDQ-04	双速电机速度继电器	学习使用速度继电器控制三相异步电动机双速运行和保护的原理、电路设计、安装、检测和维修	12～16	03	检测	按国标低压电气设备验收规范和工艺规范检查电路的正确性和规范性	01	目检（工艺检查）	0.5	工艺规范	按线色、走向、牢固性等工艺规范验收安装的电路
							02	万用表连接关系校对	0.5	万用表校对连接正确性方法	按电路原理图逐条校对连接正确性
							03	绝缘检测	0.5	绝缘检测方法及流程	相地、零地绝缘测试，不小于1MΩ
							04	接地连续性检测	0.5	接地电阻检测方法及流程	所有接地点接地电阻测试，不大于0.5Ω
							05E	任务检测			
				04	调试	功能验证，参数检测与故障排除	01	功能调试，安全测试	0.5	整定电流设定原则，送电和断电规范，漏电保护试验原理	运行参数设置，操作功能调试，保护功能调试
							02	运行参数检测	0.5	电流监测、电压监测和温度监测意义与方法	运行电流检测、运行电压检测、运行温度检测
							03	模拟故障及排除1	1	开路性故障判断与检修方法	断路性故障分析与排除
							04	模拟故障及排除2	1	短路性故障判断与检修方法	短路性故障分析与排除
							05E	任务检测	0		
				05E	项目考核	所有			4	全部	全部

表 5.4（续）

项目编号	项目名称	项目概述	参考课时	任务编号	任务名称	任务概述	节段编号	教学节段	预设课时	包含知识点	包含技能点
DGDQ-05	电机单向自锁运行	学习使用PLC去控制三相异步电动机做单向自锁运行和保护的原理、电路设计、安装、检测和维修	20～24	01	工作原理	明确实现PLC控制三相异步电动机单向自锁运行的控制电路及其工作过程	01	理解项目	0.5	分析给定的项目情景，明确完成的功能，完成功能的典型电路或控制	
							02	提出控制思路，画出控制方框图	0.5	描述控制思路，绘制控制方框图	
							03	分配 PLC 端口，绘制端口分配表	0.5	分配并绘制 PLC 端口分配表	
							04	绘制控制电路连接图	2	参照例图按自己的端口分配表绘制 PLC 控制三相异步电动机单向自锁运行电路连接图	
							05	选择电路元件并标识	1	计算电参量，选择元件型号或参数并标识于图中	
							06E	任务检测			
				02	安装	按国标规范和工艺规范安装电路	01	选择电路元件和器材	0.5	（1）PLC 选型； （2）控制电机选型； （3）连接器材选型； （4）控制元件选型	按电路原理图编制器材清单，选择安装用器材
							02	元件布局并绘制布局图	0.5	电气元件间距、方向规范	进行元件布局，绘制布局图
							03	元件安装	0.5	电气元件稳固、方向规范	按布局图固定元器件
							04	端子排分配并绘制端子接线图	0.5	端子排分配原则，端子编号规范	分配接线端子的端口，绘制端口接线图
							05	线槽制作与安装	0.5	线槽制作规范	线槽切割与安装
							06	元件接线及线号标识	1	做线工艺规范；线号标识规范；接线工艺规范	制线，制号码管，按电路原理图逐条连接线路
							07E	任务检测			
				03	检测	按国标低压电气设备验收规范和工艺规范检查电路的正确性和规范性	01	目检（工艺检查）	0.5	工艺规范	按线色、走向、牢固性等工艺规范验收安装的电路
							02	万用表连接关系校对	0.5	万用表校对连接正确性方法	按电路原理图逐条校对连接正确性

表 5.4（续）

项目编号	项目名称	项目概述	参考课时	任务编号	任务名称	任务概述	节段编号	教学节段	预设课时	包含知识点	包含技能点
DGDQ-05	电机单向自锁运行	学习使用 PLC 去控制三相异步电动机做单向自锁运行和保护的原理、电路设计、安装、检测和维修	20～24	03	检测	按国标低压电气设备验收规范和工艺规范检查电路的正确性和规范性	03	绝缘检测	0.5	绝缘检测方法及流程	相地、零地绝缘测试，不小于 1MΩ
							04	接地连续性检测	0.5	接地电阻检测方法及流程	所有接地点接地电阻测试，不大于 0.5Ω
							05E	任务检测			
				04	编程	编写、下载并模拟运行程序	01	设备控制流程图编制	1	按项目控制功能要求编制控制顺序流程图	
							02	程序编写	0.5	自锁程序结构，“与”结构的停止和保护，程序书写规范	新建、打开、保存程序，指令查询及使用
							03	编译、排错	0.5	常见错误	编译、理解编译显示、语法错误排错
							04	下载程序	0.5	通信端口（串口、USB、RS-485）概念、通信协议概念；程序下载流程	下载端口设置、下载线路连接、下载内容选择、下载及下载状态辨识
							05	PLC 模拟运行与监控	0.5	模拟运行目的和模拟输入的方法，监控方法	模拟运行并监控
							06E	任务检测			
				05	调试	功能验证，参数检测与故障排除	01	功能调试，安全测试	0.5	整定电流设定原则，送电和断电规范，漏电保护试验原理	运行参数设置，操作功能调试，保护功能调试
							02	运行参数检测	0.5	电流监测、电压监测和温度监测意义与方法	运行电流检测、运行电压检测、运行温度检测
							03	模拟故障及排除 1	1	开路性故障判断与检修方法	断路性故障分析与排除
							04	模拟故障及排除 2	1	短路性故障判断与检修方法	短路性故障分析与排除
							05E	任务检测			
				06E	项目考核	所有			4	全部	全部

表 5.4（续）

项目编号	项目名称	项目概述	参考课时	任务编号	任务名称	任务概述	节段编号	教学节段	预设课时	包含知识点	包含技能点
DGDQ-06	电机可逆运行（行程开关+光电传感器+金属传感器）	学习使用 PLC 控制电机可逆运行（行程开关+光电传感器+金属传感器）和保护的原理、电路设计、安装、检测和维修	20～24	01	工作原理	明确实现电机可逆运行（行程开关+光电传感器+金属传感器）的控制电路及其工作过程	01	理解项目	0.5	分析给定的项目情景，明确完成的功能，完成功能的典型电路或控制	
							02	提出控制思路，画出控制方框图	0.5	描述控制思路，绘制控制方框图	
							03	分配 PLC 端口，绘制端口分配表	0.5	分配并绘制 PLC 端口分配表	
							04	绘制控制电路连接图	2	参照例图按自己的端口分配表绘制电机可逆运行（行程开关+光电传感器+金属传感器）电路连接图	
							05	选择电路元件并标识	1	计算电参量，选择元件型号或参数并标识于图中	
							6E	任务检测			
				02	安装	按国标规范和工艺规范安装电路	01	选择电路元件和器材	0.5		按电路原理图编制器材清单，选择安装用器材
							02	元件布局并绘制布局图	0.5	电气元件间距、方向规范	进行元件布局，绘制布局图
							03	元件安装	0.5	电气元件稳固、方向规范	按布局图固定元器件
							04	端子排分配并绘制端子接线图	0.5	端子排分配原则，端子编号规范	分配接线端子的端口，绘制端口接线图
							05	线槽制作与安装	0.5	线槽制作规范	线槽切割与安装
							06	元件接线及线号标识	1	做线工艺规范；线号标识规范；接线工艺规范	制线，制号码管，按电路原理图逐条连接线路
							7E	任务检测			

表 5.4（续）

项目编号	项目名称	项目概述	参考课时	任务编号	任务名称	任务概述	节段编号	教学节段	预设课时	包含知识点	包含技能点
DGDQ-06	电机可逆运行（行程开关+光电传感器+金属传感器）	学习使用 PLC 控制电机可逆运行（行程开关+光电传感器+金属传感器）和保护的原理、电路设计、安装、检测和维修	20～24	03	检测	按国标低压电气设备验收规范和工艺规范检查电路的正确性和规范性	01	目检（工艺检查）	0.5	工艺规范	按线色、走向、牢固性等工艺规范验收安装的电路
							02	万用表连接关系校对		万用表校对连接正确性方法	按电路原理图逐条校对连接正确性
							03	绝缘检测	0.5	绝缘检测方法及流程	相地、零地绝缘测试，不小于 1MΩ
							04	接地连续性检测		接地电阻检测方法及流程	所有接地点接地电阻测试，不大于 0.5Ω
							5E	任务检测			
				04	编程	编写、下载并模拟运行程序	01	设备控制流程图编制	1	按项目控制功能要求编制控制顺序流程图	
							02	程序编写	0.5	PLC 外部信号处理程序结构，程序书写规范	新建、打开、保存程序，指令查询及使用
							03	编译、排错	0.5	常见错误	编译、理解编译显示、语法错误排错
							04	下载程序	0.5	通信端口（串口、USB、RS-485）概念、通信协议概念；程序下载流程	下载端口设置、下载线路连接、下载内容选择、下载及下载状态辨识
							05	PLC 模拟运行与监控	0.5	模拟运行目的和模拟输入的方法，监控方法	模拟运行并监控
							6E	节段检测			
				05	调试	功能验证，参数检测与故障排除	01	功能调试，安全测试	0.5	整定电流设定原则，送电和断电规范，漏电保护试验原理	运行参数设置，操作功能调试，保护功能调试
							02	运行参数检测	0.5	电流监测、电压监测和温度监测意义与方法	运行电流检测、运行电压检测、运行温度检测
							03	模拟故障及排除 1	1	开路性故障判断与检修方法	断路性故障分析与排除
							04	模拟故障及排除 2	1	短路性故障判断与检修方法	短路性故障分析与排除
							5E	节段检测			
				06E	项目考核	所有			4	全部	全部

表 5.4（续）

项目编号	项目名称	项目概述	参考课时	任务编号	任务名称	任务概述	节段编号	教学节段	预设课时	包含知识点	包含技能点
DGDQ-07	电机星形-三角形启动（定时）	学习使用PLC控制电机星形-三角形启动（定时）和保护的原理、电路设计、安装、检测和维修	20～24	01	工作原理	明确实现电机星形-三角形启动（定时）的控制电路及其工作过程	01	理解项目	0.5	分析给定的项目情景，明确完成的功能，完成功能的典型电路或控制	
							02	提出控制思路，画出控制方框图	0.5	描述控制思路，绘制控制方框图	
							03	分配 PLC 端口，绘制端口分配表	0.5	分配并绘制 PLC 端口分配表	
							04	绘制控制电路连接图	2	参照原理图按自己的端口分配表绘制电机星形-三角形启动（定时）电路连接图	
							05	选择电路元件并标识	1	计算电参量和时间参量，选择元件型号或参数并标识于图中	
							6E	任务检测			
				02	安装	按国标规范和工艺规范安装电路	01	选择电路元件和器材	0.5		按电路原理图编制器材清单，选择安装用器材
							02	元件布局并绘制布局图	0.5	电气元件间距、方向规范	进行元件布局，绘制布局图
							03	元件安装	0.5	电气元件稳固、方向规范	按布局图固定元器件
							04	端子排分配并绘制端子接线图	0.5	端子排分配原则，端子编号规范	分配接线端子的端口，绘制端口接线图
							05	线槽制作与安装	0.5	线槽制作规范	线槽切割与安装
							06	元件接线及线号标识	1	做线工艺规范；线号标识规范；接线工艺规范	制线，制号码管，按电路原理图逐条连接线路
							7E	任务检测			

表 5.4（续）

项目编号	项目名称	项目概述	参考课时	任务编号	任务名称	任务概述	节段编号	教学节段	预设课时	包含知识点	包含技能点
DGDQ-07	电机星形-三角形启动（定时）	学习使用PLC控制电机星形-三角形启动（定时）和保护的原理、电路设计、安装、检测和维修	20～24	03	检测	按国标低压电气设备验收规范和工艺规范检查电路的正确性和规范性	01	目检（工艺检查）	0.5	工艺规范	按线色、走向、牢固性等工艺规范验收安装的电路
							02	万用表连接关系校对	0.5	万用表校对连接正确性方法	按电路原理图逐条校对连接正确性
							03	绝缘检测	0.5	绝缘检测方法及流程	相地、零地绝缘测试，不小于1MΩ
							04	接地连续性检测	0.5	接地电阻检测方法及流程	所有接地点接地电阻测试，不大于0.5Ω
							5E	任务检测			
				04	编程	编写、下载并模拟运行程序	01	设备控制流程图编制	1	按项目控制功能要求编制控制顺序流程图	
							02	程序编写	0.5	PLC时间控制程序结构，程序书写规范	新建、打开、保存程序，指令查询及使用
							03	编译、排错	0.5	常见错误	编译、理解编译显示、语法错误排错
							04	下载程序	0.5	通信端口（串口、USB、RS-485）概念、通信协议概念；程序下载流程	下载端口设置、下载线路连接、下载内容选择、下载及下载状态辨识
							05	PLC 模拟运行与监控	0.5	模拟运行目的和模拟输入的方法，监控方法	模拟运行并监控
							6E	任务检测			
				05	调试	功能验证，参数检测与故障排除	01	功能调试，安全测试	0.5	整定电流设定原则，送电和断电规范，漏电保护试验原理	运行参数设置，操作功能调试，保护功能调试
							02	运行参数检测	0.5	电流监测、电压监测和温度监测意义与方法	运行电流检测、运行电压检测、运行温度检测
							03	模拟故障及排除1	1	开路性故障判断与检修方法	断路性故障分析与排除
							04	模拟故障及排除2	1	短路性故障判断与检修方法	短路性故障分析与排除
							5E	任务检测			
				06E	项目考核	所有			4	全部	全部

表 5.4（续）

项目编号	项目名称	项目概述	参考课时	任务编号	任务名称	任务概述	节段编号	教学节段	预设课时	包含知识点	包含技能点
DGDQ-08	双速电机运行（速度传感器）	学习使用 PLC 控制双速电机运行（速度传感器）和保护的原理、电路设计、安装、检测和维修	20～24	01	工作原理	明确实现双速电机运行（速度传感器）的控制电路及其工作过程	01	理解项目、双速电机特性与接线	1	分析给定的项目情景，明确完成的功能，完成功能的典型电路或控制	
							02	提出控制思路，画出控制方框图	0.5	描述控制思路，绘制控制方框图	
							03	分配 PLC 端口，绘制端口分配表	0.5	分配并绘制 PLC 端口分配表	
							04	绘制控制电路连接图	2	参照原理图按自己的端口分配表绘制双速电机运行（速度传感器）电路连接图	
							05	选择电路元件并标识	1	计算电参量，选择元件型号或参数并标识于图中	
							06E	任务检测			
				02	安装	按国标规范和工艺规范安装电路	01	选择电路元件和器材	0.5		按电路原理图编制器材清单，选择安装用器材
							02	元件布局并绘制布局图	0.5	电气元件间距、方向规范	进行元件布局，绘制布局图
							03	元件安装	0.5	电气元件稳固、方向规范	按布局图固定元器件
							04	端子排分配并绘制端子接线图	0.5	端子排分配原则，端子编号规范	分配接线端子的端口，绘制端口接线图
							05	线槽制作与安装	0.5	线槽制作规范	线槽切割与安装
							06	元件接线及线号标识	1	做线工艺规范；线号标识规范；接线工艺规范	制线，制号码管，按电路原理图逐条连接线路
							07E	任务检测			

表 5.4（续）

项目编号	项目名称	项目概述	参考课时	任务编号	任务名称	任务概述	节段编号	教学节段	预设课时	包含知识点	包含技能点
DGDQ-08	双速电机运行（速度传感器）	学习使用 PLC 控制双速电机运行（速度传感器）和保护的原理、电路设计、安装、检测和维修	20～24	03	检测	按国标低压电气设备验收规范和工艺规范检查电路的正确性和规范性	01	目检（工艺检查）	0.5	工艺规范	按线色、走向、牢固性等工艺规范验收安装的电路
							02	万用表连接关系校对	0.5	万用表校对连接正确性方法	按电路原理图逐条校对连接正确性
							03	绝缘检测	0.5	绝缘检测方法及流程	相地、零地绝缘测试，不小于 1MΩ
							04	接地连续性检测	0.5	接地电阻检测方法及流程	所有接地点接地电阻测试，不大于 0.5Ω
							05E	任务检测			
				04	编程	编写、下载并模拟运行程序	01	设备控制流程图编制	1	按项目控制功能要求编制控制顺序流程图	
							02	程序编写	0.5	双速电机运行（速度传感器）控制 PLC 程序编写	新建、打开、保存程序，指令查询及使用
							03	编译、排错	0.5	常见错误	编译、理解编译显示、语法错误排错
							04	下载程序	0.5	通信端口（串口、USB、RS-485）概念、通信协议概念；程序下载流程	下载端口设置、下载线路连接、下载内容选择、下载及下载状态辨识
							05	PLC 模拟运行与监控	0.5	模拟运行目的和模拟输入的方法，监控方法	模拟运行并监控
							06E	任务检测			
				05	调试	功能验证，参数检测与故障排除	01	功能调试，安全测试	0.5	整定电流设定原则，送电和断电规范，漏电保护试验原理	运行参数设置，操作功能调试，保护功能调试
							02	运行参数检测	0.5	电流监测、电压监测和温度监测意义与方法	运行电流检测、运行电压检测、运行温度检测
							03	模拟故障及排除 1	1	开路性故障判断与检修方法	断路性故障分析与排除
							04	模拟故障及排除 2	1	短路性故障判断与检修方法	短路性故障分析与排除
							05E	任务检测			
				06E	项目考核	所有			4	全部	全部

表 5.4（续）

项目编号	项目名称	项目概述	参考课时	任务编号	任务名称	任务概述	节段编号	教学节段	预设课时	包含知识点	包含技能点
DGDQ-09	电机单向自锁运行	学习使用 PLC 和触摸屏去控制三相异步时电动机作单向运转和保护的原理、电路设计、安装、检测和维修	12～16	01	工作原理	明确实现 PLC 和触摸屏控制三相异步电动机的单向自锁运行电路及其工作过程	01	理解项目	0.5	（1）分析给定的项目情景； （2）明确完成的功能； （3）完成功能的典型电路和控制界面	
							02	（1）理出控制思路，绘出控制方框图； （2）拟定 PLC 的 I/O 端口，制出 I/O 端口分配表； （3）介绍触摸屏硬件； （4）介绍触摸屏软件环境； （5）拟定触摸屏控制界面构件	1	（1）描述控制思路，绘制控制方框图要素与制图； （2）分配并填写 PLC 端口分配表； （3）认识触摸屏硬件组成； （4）认识触摸屏软件工作环境； （5）确定触摸屏界面所需构件	选择触摸屏界面所需构件
							03	（1）绘制控制电路连接原理图； （2）选择电路器材并标识	0.5	（1）参照电机单向自锁运行电路原理图按自己的端口分配表绘制 PLC 控制三相异步电动机单向运转电路连接图； （2）参照电机单向自锁运行触摸屏界面安排按自己所选构件绘出触摸屏界面示意图； （3）器材图纸标识方法	（1）建立触摸屏控制工程并命名、存盘； （2）绘制触摸屏控制界面
							04E	任务检测			
				02	安装	按国标规范和工艺规范安装电路	01	选择电路元件和器材	0.5	（1）PLC 选型； （2）触摸屏选型； （3）控制电机选型； （4）连接器材选型； （5）控制元件选型	（1）按电路原理图编制器材清单； （2）选择安装用器材
							02	（1）绘制布局图； （2）器件安装； （3）绘制端子排接线图； （4）端子排分配、安装	1	（1）器件标识规范； （2）器件安全间距； （3）器件稳固要求与方法； （4）器件方向规范； （5）端子排分配原则，端子编号规范	（1）绘制布局图； （2）按布局图固定元器件； （3）分配绘制端口接线图； （4）安装、固定接线端子的端口

表 5.4（续）

项目编号	项目名称	项目概述	参考课时	任务编号	任务名称	任务概述	节段编号	教学节段	预设课时	包含知识点	包含技能点
DGDQ-09	电机单向自锁运行	学习使用 PLC 和触摸屏去控制三相异步时电动机作单向运转和保护的原理、电路设计、安装、检测和维修	12～16	0.2	安装	按国标规范和工艺规范安装电路	03	（1）线槽制作与安装；（2）器件接线及线号标识	1	（1）线槽制作规范；（2）做线工艺规范；（3）线号标识规范；（4）接线工艺规范	（1）线槽切割与安装；（2）制线；（3）制号码管；（4）按电路原理图逐条连接线路
							04E	任务检测			
				03	检测	按国标低压电气设备验收规范和工艺规范检查电路的正确性和规范性	01	（1）目检（工艺检查）；（2）万用表连接关系校对	0.5	（1）工艺规范；（2）万用表校对连接正确性方法	（1）按线色、走向、牢固性等工艺规范验收安装的电路；（2）按电路原理图逐条校对连接正确性
							02	（1）绝缘检测；（2）接地连续性检测	0.5	（1）绝缘检测方法及流程；（2）接地电阻检测方法及流程	（1）相-相、相-地、零-地绝缘测试，不小于 1MΩ；（2）所有接地点接地电阻测试，不大于 0.5Ω
							03E	任务检测			
				04	编程	编写、下载并模拟运行程序	01	设备控制流程图编制	0.5	按项目控制功能要求编制控制顺序流程图	
							02	（1）PLC 程序编写；（2）触摸屏程序编写	1	（1）PLC 自锁程序结构，“与”“或”结构的停止和保护，程序编制规范；（2）触摸屏与 PLC 程序实时变量设置规则；（3）触摸屏图形界面中变量的连接方法	（1）新建、打开、编制、保存程序；（2）实时变量选择与设置；（3）实现实时变量连接

表 5.4（续）

项目编号	项目名称	项目概述	参考课时	任务编号	任务名称	任务概述	节段编号	教学节段	预设课时	包含知识点	包含技能点
DGDQ-09	电机单向自锁运行	学习使用 PLC 和触摸屏去控制三相异步时电动机作单向运转和保护的原理、电路设计、安装、检测和维修	12～16	04	编程	编写、下载并模拟运行程序	03	编译、下载、排错	0.5	（1）认识 PLC、触摸屏下载线； （2）PLC 程序编译、下载流程及简单常见错误与排除方法； （3）触摸屏程序编译、下载流程及简单常见错误与错误排除方法	（1）正确选择、连接下载线； （2）正确选择下载程序端口； （3）正确编译、下载 PLC 控制程序； （4）处理简单 PLC 程序下载问题； （5）正确编译、下载触摸屏控制程序； （6）处理简单触摸屏程序下载问题
							04	（1）PLC 单独模拟运行与监控； （2）触摸屏单独模拟运行与监控	0.5	（1）模拟运行目的； （2）模拟输入的方法； （3）模拟运行监控方法	模拟运行并监控
							05E	任务检测			
				05	调试	功能验证，参数检测与故障排除	01	功能调试，安全测试	0.5	（1）整定电流设定原则； （2）送电和断电规范； （3）漏电保护试验原理	（1）运行参数设置； （2）操作功能调试； （3）保护功能调试
							02	运行参数检测	0.5	（1）电流监测意义与方法； （2）电压监测意义与方法； （3）温度监测意义与方法	（1）运行电流检测； （2）运行电压检测； （3）运行温度检测
							03	模拟故障及排除 1	0.5	开路性故障判断与检修方法	断路性故障分析与排除
							04E	模拟故障及排除 2	0.5	短路性故障判断与检修方法	短路性故障分析与排除
								任务检测			
				06E	项目考核	所有			4	全部	全部

表 5.4（续）

项目编号	项目名称	项目概述	参考课时	任务编号	任务名称	任务概述	节段编号	教学节段	预设课时	包含知识点	包含技能点
DGDQ-10	电机双向可逆运行（PLC+触摸屏）	学习使用PLC和触摸屏去控制三相异步时电动机做可逆运转和保护的原理、电路设计、安装、检测和维修	12～16	01	工作原理	明确实现PLC和触摸屏控制三相异步电动机的可逆控制电路及其工作过程	01	理解项目	0.5	（1）分析给定的项目情景； （2）明确完成的功能； （3）完成功能的典型电路和控制界面	
							02	（1）理出控制思路，绘出控制方框图； （2）拟定 PLC 的 I/O 端口，制出 I/O 端口分配表； （3）介绍触摸屏硬件； （4）介绍触摸屏软件环境； （5）拟定触摸屏控制界面构件	1	（1）描述控制思路，绘制控制方框图要素与制图； （2）分配并填写 PLC 端口分配表； （3）认识触摸屏硬件组成； （4）认识触摸屏软件工作环境； （5）确定触摸屏界面所需构件	选择触摸屏界面所需构件
							03	（1）绘制控制电路连接原理图； （2）选择电路器材并标识	0.5	（1）参照电机可逆自锁运行电路原理图按自己的端口分配表绘制 PLC 控制三相异步电动机可逆运转电路连接图； （2）参照电机可逆自锁运行触摸屏界面安排按自己所选构件绘出触摸屏界面示意图； （3）器材图纸标识方法	（1）建立触摸屏控制工程并命名、存盘； （2）绘制触摸屏控制界面
							04E	任务检测			
				02	安装	按国标规范和工艺规范安装电路	01	选择电路元件和器材	0.5	（1）PLC 选型； （2）触摸屏选型； （3）控制电机选型； （4）连接器材选型； （5）控制元件选型	（1）按电路原理图编制器材清单； （2）选择安装用器材

表 5.4（续）

项目编号	项目名称	项目概述	参考课时	任务编号	任务名称	任务概述	节段编号	教学节段	预设课时	包含知识点	包含技能点
DGDQ-10	电机双向可逆运行（PLC+触摸屏）	学习使用PLC和触摸屏去控制三相异步时电动机做可逆运转和保护的原理、电路设计、安装、检测和维修	12～16	02	安装	按国标规范和工艺规范安装电路	02	（1）绘制布局图； （2）器件安装； （3）绘制端子排接线图； （4）端子排分配、安装	1	（1）器件标识规范； （2）器件安全间距； （3）器件稳固要求与方法； （4）器件方向规范； （5）端子排分配原则，端子编号规范	（1）绘制布局图； （2）按布局图固定元器件； （3）分配绘制端口接线图； （4）安装、固定接线端子的端口
							03	（1）线槽制作与安装； （2）器件接线及线号标识	1	（1）线槽制作规范； （2）做线工艺规范； （3）线号标识规范； （4）接线工艺规范	（1）线槽切割与安装； （2）制线； （3）制号码管； （4）按电路原理图逐条连接线路
							04E	任务检测			
				03	检测	按国标低压电气设备验收规范和工艺规范检查电路的正确性和规范性	01	（1）目检（工艺检查）； （2）万用表连接关系校对	0.5	（1）工艺规范； （2）万用表校对连接正确性方法	（1）按线色、走向、牢固性等工艺规范验收安装的电路； （2）按电路原理图逐条校对连接正确性
							02	（1）绝缘检测； （2）接地连续性检测	0.5	（1）绝缘检测方法及流程； （2）接地电阻检测方法及流程	（1）相-相、相-地、零-地绝缘测试，不小于 1MΩ； （2）所有接地点接地电阻测试，不大于 0.5Ω
							03E	任务检测			
				04	编程	编写、下载并模拟运行程序	01	设备控制流程图编制	0.5	按项目控制功能要求编制控制顺序流程图	
							02	（1）PLC 程序编写； （2）触摸屏程序编写	1	（1）PLC 自锁程序结构，“与”“或”结构的停止和保护，程序编制规范； （2）触摸屏与 PLC 程序实时变量设置规则； （3）触摸屏图形界面中变量的连接方法	（1）新建、打开、编制、保存程序； （2）实时变量选择与设置； （3）实现实时变量连接

表 5.4（续）

项目编号	项目名称	项目概述	参考课时	任务编号	任务名称	任务概述	节段编号	教学节段	预设课时	包含知识点	包含技能点
DGDQ-10	电机双向可逆运行（PLC+触摸屏）	学习使用PLC和触摸屏去控制三相异步时电动机做可逆运转和保护的原理、电路设计、安装、检测和维修	12～16	04	编程	编写、下载并模拟运行程序	03	编译、下载、排错	0.5	(1) 认识PLC、触摸屏下载线； (2) PLC程序编译、下载流程及简单常见错误与排除方法； (3)触摸屏程序编译、下载流程及简单常见错误与错误排除方法	(1) 正确选择、连接下载线； (2)正确选择下载程序端口； (3) 正确编译、下载PLC控制程序； (4)处理简单PLC程序下载问题； (5) 正确编译、下载触摸屏控制程序； (6)处理简单触摸屏程序下载问题
							04	(1) PLC单独模拟运行与监控； (2) 触摸屏单独模拟运行与监控	0.5	(1) 模拟运行目的； (2)模拟输入的方法； (3) 模拟运行监控方法	模拟运行并监控
							05E	任务检测			
				05	调试	功能验证，参数检测与故障排除	01	功能调试，安全测试	0.5	(1) 整定电流设定原则； (2)送电和断电规范； (3) 漏电保护试验原理	(1) 运行参数设置； (2) 操作功能调试； (3)保护功能调试
							02	运行参数检测	0.5	(1) 电流监测意义与方法； (2) 电压监测意义与方法； (3) 温度监测意义与方法	(1) 运行电流检测； (2) 运行电压检测； (3)运行温度检测
							03	模拟故障及排除1	0.5	开路性故障判断与检修方法	断路性故障分析与排除
							04E	模拟故障及排除2	0.5	短路性故障判断与检修方法	短路性故障分析与排除
								任务检测			
				06E	项目考核			所有	4	全部	全部

表 5.4（续）

项目编号	项目名称	项目概述	参考课时	任务编号	任务名称	任务概述	节段编号	教学节段	预设课时	包含知识点	包含技能点
DGDQ-11	电机丫-△运行（PLC+触摸屏）	学习使用PLC和触摸屏去控制三相异步时电动机作丫-△运转和保护的原理、电路设计、安装、检测和维修	12～16	01	工作原理	明确实现 PLC 和触摸屏控制三相异步电动机的丫-△控制电路及其工作过程	01	理解项目	0.5	（1）分析给定的项目情景； （2）明确完成的功能； （3）完成功能的典型电路和控制界面	
							02	（1）理出控制思路，绘出控制方框图； （2）拟定 PLC 的 I/O 端口，制出 I/O 端口分配表； （3）介绍触摸屏硬件； （4）介绍触摸屏软件环境； （5）拟定触摸屏控制界面构件	1	（1）描述控制思路，绘制控制方框图要素与制图； （2）分配并填写 PLC 端口分配表； （3）认识触摸屏硬件组成； （4）认识触摸屏软件工作环境； （5）确定触摸屏界面所需构件	选择触摸屏界面所需构件
							03	（1）绘制控制电路连接原理图； （2）选择电路器材并标识	0.5	（1）参照电机丫-△自锁运行电路原理图按自己的端口分配表绘制 PLC 控制三相异步电动机丫-△运转电路连接图； （2）参照电机丫-△自锁运行触摸屏界面安排按自己所选构件绘出触摸屏界面示意图； （3）器材图纸标识方法	（1）建立触摸屏控制工程并命名、存盘； （2）绘制触摸屏控制界面
							04E	任务检测			
				02	安装	按国标规范和工艺规范安装电路	01	选择电路元件和器材	0.5	（1）PLC 选型； （2）触摸屏选型； （3）控制电机选型； （4）连接器材选型； （5）控制元件选型	(1)按电路原理图编制器材清单； （2）选择安装用器材

表 5.4（续）

项目编号	项目名称	项目概述	参考课时	任务编号	任务名称	任务概述	节段编号	教学节段	预设课时	包含知识点	包含技能点
DGDQ-11	电机丫-△运行（PLC+触摸屏）	学习使用PLC和触摸屏去控制三相异步时电动机作丫-△运转和保护的原理、电路设计、安装、检测和维修	12～16	02	安装	按国标规范和工艺规范安装电路	02	（1）绘制布局图；（2）器件安装；（3）绘制端子排接线图；（4）端子排分配、安装	1	（1）器件标识规范；（2）器件安全间距；（3）器件稳固要求与方法；（4）器件方向规范；（5）端子排分配原则，端子编号规范	（1）绘制布局图；（2）按布局图固定元器件；（3）分配绘制端口接线图；（4）安装、固定接线端子的端口
							03	（1）线槽制作与安装；（2）器件接线及线号标识	1	（1）线槽制作规范；（2）做线工艺规范；（3）线号标识规范；（4）接线工艺规范	（1）线槽切割与安装；（2）制线；（3）制号码管；（4）按电路原理图逐条连接线路
							04E	任务检测			
				03	检测	按国标低压电气设备验收规范和工艺规范检查电路的正确性和规范性	01	（1）目检（工艺检查）；（2）万用表连接关系校对	0.5	（1）工艺规范；（2）万用表校对连接正确性方法	（1）按线色、走向、牢固性等工艺规范验收安装的电路；（2）按电路原理图逐条校对连接正确性
							02	（1）绝缘检测；（2）接地连续性检测	0.5	（1）绝缘检测方法及流程；（2）接地电阻检测方法及流程	（1）相-相、相-地、零-地绝缘测试，不小于 1MΩ；（2）所有接地点接地电阻测试，不大于 0.5Ω
							03E	任务检测			
				04	编程	编写、下载并模拟运行程序	01	设备控制流程图编制	0.5	按项目控制功能要求编制控制顺序流程图	
							02	（1）PLC 程序编写；（2）触摸屏程序编写	1	（1）PLC 自锁程序结构，“与”“或”结构的停止和保护，程序编制规范；（2）触摸屏与 PLC 程序实时变量设置规则；（3）触摸屏图形界面中变量的连接方法	（1）新建、打开、编制、保存程序；（2）实时变量选择与设置；（3）实现实时变量连接

表 5.4（续）

项目编号	项目名称	项目概述	参考课时	任务编号	任务名称	任务概述	节段编号	教学节段	预设课时	包含知识点	包含技能点
DGDQ-11	电机Y-△运行（PLC+触摸屏）	学习使用PLC和触摸屏去控制三相异步时电动机作Y-△运转和保护的原理、电路设计、安装、检测和维修	12～16	04	编程	编写、下载并模拟运行程序	03	编译、下载、排错	0.5	（1）认识 PLC、触摸屏下载线； （2）PLC 程序编译、下载流程及简单常见错误与排除方法； （3）触摸屏程序编译、下载流程及简单常见错误与错误排除方法	（1）正确选择、连接下载线； （2）正确选择下载程序端口； （3）正确编译、下载 PLC 控制程序； （4）处理简单 PLC 程序下载问题； （5）正确编译、下载触摸屏控制程序； （6）处理简单触摸屏程序下载问题
							04	（1）PLC 单独模拟运行与监控； （2）触摸屏单独模拟运行与监控	0.5	（1）模拟运行目的； （2）模拟输入的方法； （3）模拟运行监控方法	模拟运行并监控
							05E	任务检测			
				05	调试	功能验证，参数检测与故障排除	01	功能调试，安全测试	0.5	（1）整定电流设定原则； （2）送电和断电规范； （3）漏电保护试验原理	（1）运行参数设置； （2）操作功能调试； （3）保护功能调试
							02	运行参数检测	0.5	（1）电流监测意义与方法； （2）电压监测意义与方法； （3）温度监测意义与方法	（1）运行电流检测； （2）运行电压检测； （3）运行温度检测
							03	模拟故障及排除1	0.5	开路性故障判断与检修方法	断路性故障分析与排除
							04E	模拟故障及排除2	0.5	短路性故障判断与检修方法	短路性故障分析与排除
								任务检测			
				06E	项目考核	所有			4	全部	全部

表 5.4（续）

项目编号	项目名称	项目概述	参考课时	任务编号	任务名称	任务概述	节段编号	教学节段	预设课时	包含知识点	包含技能点
DGDQ-12	电机双速运行（PLC+触摸屏）	学习使用 PLC 和触摸屏去控制三相异步时电动机做双速运转和保护的原理、电路设计、安装、检测和维修	12～16	01	工作原理	明确实现 PLC 和触摸屏控制三相异步电动机的双速控制电路及其工作过程	01	理解项目	0.5	(1)分析给定的项目情景； (2）明确完成的功能； (3)完成功能的典型电路和控制界面	
							02	(1）理出控制思路，绘出控制方框图； (2）拟定 PLC 的 I/O 端口，制出 I/O 端口分配表； (3）介绍触摸屏硬件； (4）介绍触摸屏软件环境； (5）拟定触摸屏控制界面构件	1	(1）描述控制思路，绘制控制方框图要素与制图； (2）分配并填写 PLC 端口分配表； (3)认识触摸屏硬件组成； (4)认识触摸屏软件工作环境； (5)确定触摸屏界面所需构件	选择触摸屏界面所需构件
							03	(1）绘制控制电路连接原理图； (2）选择电路器材并标识	0.5	(1)参照电机双速自锁运行电路原理图按自己的端口分配表绘制 PLC 控制三相异步电动机双速运转电路连接图； (2)参照电机双速自锁运行触摸屏界面安排按自己所选构件绘出触摸屏界面示意图； (3）器材图纸标识方法	(1)建立触摸屏控制工程并命名、存盘； (2)绘制触摸屏控制界面
							04E	任务检测			
				02	安装	按国标规范和工艺规范安装电路	01	选择电路元件和器材	0.5	(1）PLC 选型； (2）触摸屏选型； (3）控制电机选型； (4）连接器材选型； (5）控制元件选型	(1)按电路原理图编制器材清单； (2)选择安装用器材

表 5.4（续）

项目编号	项目名称	项目概述	参考课时	任务编号	任务名称	任务概述	节段编号	教学节段	预设课时	包含知识点	包含技能点
DGDQ-12	电机双速运行（PLC+触摸屏）	学习使用 PLC 和触摸屏去控制三相异步时电动机做双速运转和保护的原理、电路设计、安装、检测和维修	12～16	02	安装	按国标规范和工艺规范安装电路	02	（1）绘制布局图； （2）器件安装； （3）绘制端子排接线图； （4）端子排分配、安装	1	（1）器件标识规范； （2）器件安全间距； （3）器件稳固要求与方法； （4）器件方向规范； （5）端子排分配原则，端子编号规范	（1）绘制布局图； （2）按布局图固定元器件； （3）分配绘制端口接线图； （4）安装、固定接线端子的端口
							03	（1）线槽制作与安装 ； （2）器件接线及线号标识	1	（1）线槽制作规范； （2）做线工艺规范； （3）线号标识规范； （4）接线工艺规范	（1）线槽切割与安装； （2）制线； （3）制号码管； （4）按电路原理图逐条连接线路
							04E	任务检测			
				03	检测	按国标低压电气设备验收规范和工艺规范检查电路的正确性和规范性	01	（1）目检（工艺检查）； （2）万用表连接关系校对	0.5	（1）工艺规范； （2）万用表校对连接正确性方法	（1）按线色、走向、牢固性等工艺规范验收安装的电路； （2）按电路原理图逐条校对连接正确性
							02	（1）绝缘检测； （2）接地连续性检测	0.5	（1）绝缘检测方法及流程； （2）接地电阻检测方法及流程	（1）相-相、相-地、零-地绝缘测试，不小于 1MΩ； （2）所有接地点接地电阻测试，不大于 0.5Ω
							03E	任务检测			
				04	编程	编写、下载并模拟运行程序	01	设备控制流程图编制	0.5	按项目控制功能要求编制控制顺序流程图	
							02	（1）PLC 程序编写； （2）触摸屏程序编写	1	（1）PLC 自锁程序结构，“与”“或”结构的停止和保护，程序编制规范； （2）触摸屏与 PLC 程序实时变量设置规则； （3）触摸屏图形界面中变量的连接方法	（1）新建、打开、编制、保存程序； （2）实时变量选择与设置； （3）实现实时变量连接

表 5.4（续）

项目编号	项目名称	项目概述	参考课时	任务编号	任务名称	任务概述	节段编号	教学节段	预设课时	包含知识点	包含技能点
DGDQ-12	电机双速运行（PLC+触摸屏）	学习使用PLC和触摸屏去控制三相异步时电动机做双速运转和保护的原理、电路设计、安装、检测和维修	12～16	04	编程	编写、下载并模拟运行程序	03	编译、下载、排错	0.5	（1）认识PLC、触摸屏下载线； （2）PLC程序编译、下载流程及简单常见错误与排除方法； （3）触摸屏程序编译、下载流程及简单常见错误与错误排除方法	（1）正确选择、连接下载线； （2）正确选择下载程序端口； （3）正确编译、下载PLC控制程序； （4）处理简单PLC程序下载问题； （5）正确编译、下载触摸屏控制程序； （6）处理简单触摸屏程序下载问题
							04	（1）PLC单独模拟运行与监控； （2）触摸屏单独模拟运行与监控	0.5	（1）模拟运行目的； （2）模拟输入的方法； （3）模拟运行监控方法	模拟运行并监控
							05E	任务检测			
				05	调试	功能验证，参数检测与故障排除	01	功能调试，安全测试	0.5	（1）整定电流设定原则； （2）送电和断电规范； （3）漏电保护试验原理	（1）运行参数设置； （2）操作功能调试； （3）保护功能调试
							02	运行参数检测	0.5	（1）电流监测意义与方法； （2）电压监测意义与方法； （3）温度监测意义与方法	（1）运行电流检测； （2）运行电压检测； （3）运行温度检测
							03	模拟故障及排除1	0.5	开路性故障判断与检修方法	断路性故障分析与排除
							04E	模拟故障及排除2	0.5	短路性故障判断与检修方法	短路性故障分析与排除
								任务检测			
				06E	项目考核	所有			4	全部	全部

表 5.4（续）

项目编号	项目名称	项目概述	参考课时	任务编号	任务名称	任务概述	节段编号	教学节段	预设课时	包含知识点	包含技能点
DGDQ-13	电机单向自锁运行（按钮三段速）	学习使用按钮控制变频器再控制电机单向自锁三段速运行的原理、电路设计、安装、检测和维修	20～24	01	工作原理	明确实现电机单向自锁运行（按钮三段速）的控制电路及其工作过程	01	理解项目	0.5	（1）分析给定的项目情景； （2）明确完成的功能； （3）完成功能的典型电路和控制界面	
							02	理出控制思路，绘出控制方框图	0.5	描述控制思路，绘制控制方框图要素与制图	
							03	（1）拟定 PLC 的 I/O 端口； （2）制出 I/O 端口分配表； （3）拟定触摸屏控制界面构件； （4）拟定变频器输入端口	0.5	（1）分配并绘制 PLC 端口分配表； （2）确定触摸屏各界面构件； （3）确定变频器输入端口	
							04	绘制控制电路连接原理图	2	（1）参照电路原理图按自己的端口分配表绘制 PLC、变频器控制三相异步电动机单向自锁运行（按钮三段速）电路连接图； （2）参照电机单向自锁运行（按钮三段速）界面控制要求按自己所选构件绘出触摸屏各界面示意图	
							05	选择电路器材并标识（变频器）	1	器材图纸标识方法	
							06E	任务检测	0		
				02	安装	按国标规范和工艺规范安装电路	01	选择电路元件和器材	0.5		（1）按电路原理图编制器材清单； （2）选择安装用器材
							02	（1）元器件布局； （2）绘制布局图	0.5	（1）电气元件间距； （2）方向规范	（1）进行元器件布局； （2）绘制布局图
							03	元器件安装	0.5	（1）电气元件稳固； （2）方向规范	按布局图固定元器件

表 5.4（续）

项目编号	项目名称	项目概述	参考课时	任务编号	任务名称	任务概述	节段编号	教学节段	预设课时	包含知识点	包含技能点
DGDQ-13	电机单向自锁运行（按钮三段速）	学习使用按钮控制变频器再控制电机单向自锁三段速运行的原理、电路设计、安装、检测和维修	20～24	02	安装	按国标规范和工艺规范安装电路	04	（1）端子排分配；（2）绘制端子接线图	0.5	端子排分配原则，端子编号规范	（1）分配接线端子的端口；（2）绘制端口接线图
							05	线槽制作与安装	0.5	线槽制作规范	线槽切割与安装
							06	元件接线及线号标识	1	（1）做线工艺规范；（2）线号标识规范；（3）接线工艺规范	（1）制线；（2）制号码管；（3）按电路原理图逐条连接线路
							07E	任务检测	0		
				03	检测	按国标低压电气设备验收规范和工艺规范检查电路的正确性和规范性按国标低压电气设备验收规范和工艺规范检查电路的正确性和规范性	01	目检（工艺检查）	0.5	工艺规范	按线色、走向、牢固性等工艺规范验收安装的电路
							02	万用表连接关系校对	0.5	万用表校对连接正确性方法	按电路原理图逐条校对连接正确性
							03	绝缘检测	0.5	绝缘检测方法及流程	相-相、相-地、零-地绝缘测试，不小于 1MΩ
							04	接地连续性检测	0.5	接地电阻检测方法及流程	所有接地点接地电阻测试，不大于 0.5Ω
							05E	任务检测	0		
				04	调试	功能验证，参数检测与故障排除	01	变频器参数设定、功能调试，安全测试	0.5	整定电流设定原则，送电和断电规范，漏电保护试验原理	（1）运行参数设置；（2）操作功能调试；（3）保护功能调试
							02	运行参数检测	0.5	电流监测、电压监测和温度监测意义与方法	（1）运行电流检测；（2）运行电压检测；（3）运行温度检测
							03	模拟故障及排除 1	1	开路性故障判断与检修方法	断路性故障分析与排除
							04	模拟故障及排除 2	1	短路性故障判断与检修方法	短路性故障分析与排除
							05E	任务检测	0		
				05E	项目考核	所有			4	全部	全部

表 5.4（续）

项目编号	项目名称	项目概述	参考课时	任务编号	任务名称	任务概述	节段编号	教学节段	预设课时	包含知识点	包含技能点
DGDQ-14	电机单向运行（三段速）	学习使用 PLC、触摸屏和变频器控制电机单向三段速运行的原理、电路设计、安装、检测和维修	16～20	01	工作原理	明确实现电机可逆运行（行程开关+金属三段速）的控制电路及其工作过程	01	理解项目	0.5	(1)分析给定的项目情景； (2) 明确完成的功能； (3)完成功能的典型电路和控制界面	
							02	理出控制思路，绘出控制方框图	0.5	描述控制思路，绘制控制方框图的要素并制图	
							03	(1) 拟定 PLC 的 I/O 端口； (2) 制出 I/O 端口分配表； (3) 拟定触摸屏控制界面构件； (4) 拟定变频器输入端口	0.5	(1)分配并绘制 PLC 端口分配表； (2)确定触摸屏各界面构件； (3)确定变频器输入端口	
							04	绘制控制电路连接原理图	1	(1)参照电机可逆运行（行程开关+金属三段速)电路原理图按自己的端口分配表绘制 PLC、变频器控制三相异步电动机单向运转电路连接图； (2)参照电机可逆运行（行程开关+金属三段速)触摸屏界面按自己所选构件绘出触摸屏各界面图	
							05	选择电路器材并标识	0.5	器材图纸标识方法	
							06E	任务检测	0		
				02	安装	按国标规范和工艺规范安装电路	01	(1) 选择电路元件和器材； (2) 元器件布局； (3) 绘制布局图	0.5	(1) 电气元件间距； (2) 方向规范	(1)按电路原理图编制器材清单； (2)选择安装用器材； (3)进行元器件布局； (4) 绘制布局图

表 5.4（续）

项目编号	项目名称	项目概述	参考课时	任务编号	任务名称	任务概述	节段编号	教学节段	预设课时	包含知识点	包含技能点
DGDQ-14	电机单向运行（三段速）	学习使用 PLC、触摸屏和变频器控制电机单向三段速运行的原理、电路设计、安装、检测和维修	16～20	02	安装	按国标规范和工艺规范安装电路	02	元器件安装	0.5	（1）电气元件稳固； （2）方向规范	按布局图固定元器件
							03	（1）端子排分配； （2）绘制端子接线图	0.5	端子排分配原则，端子编号规范	（1）分配接线端子的端口； （2）绘制端口接线图
							04	线槽制作与安装	0.5	线槽制作规范	线槽切割与安装
							05	元件接线及线号标识	1	（1）做线工艺规范； （2）线号标识规范； （3）接线工艺规范	（1）制线； （2）制号码管； （3）按电路原理图逐条连接线路
							06E	任务检测	0		
				03	检测	按国标低压电气设备验收规范和工艺规范检查电路的正确性和规范性	01	目检（工艺检查）	0.5	工艺规范	按线色、走向、牢固性等工艺规范验收安装的电路
							02	万用表连接关系校对	0.5	万用表校对连接正确性方法	按电路原理图逐条校对连接正确性
							03	绝缘检测	0.5	绝缘检测方法及流程	相-相、相-地、零-地绝缘测试，不小于 1MΩ
							04	接地连续性检测	0.5	接地电阻检测方法及流程	所有接地点接地电阻测试，不大于 0.5Ω
							05E	任务检测	0		
				04	编程	编写、下载、设置变频器频率并模拟运行程序	01	设备控制流程图编制	1	按项目控制功能要求编制控制顺序流程图	
							02	（1）PLC 程序编写； （2）触摸屏程序编写； （3）变频器运行频率设置	0.5	（1）PLC 外部输入多段速程序结构，变频器多段速设置，程序编制规范； （2）触摸屏与 PLC 程序实时变量设置； （3）触摸屏图形界面、参数变量编制； （4）变频器工作方式及运行频率设置方法	（1）新建、打开、保存程序； （2）指令、控件查询及使用； （3）设定变频器工作方式及控制负载工作频率

表 5.4（续）

项目编号	项目名称	项目概述	参考课时	任务编号	任务名称	任务概述	节段编号	教学节段	预设课时	包含知识点	包含技能点
DGDQ-14	电机单向运行（三段速）	学习使用 PLC、触摸屏和变频器控制电机单向三段速运行的原理、电路设计、安装、检测和维修	16～20	04	编程	编写、下载、设置变频器频率并模拟运行程序	03	编译、设定、下载、排错	0.5	（1）常见错误；（2）错误寻找	（1）编译、理解编译显示；（2）语法错误排错；（3）出错位置定位；（4）排除错误
							04	程序下载	0.5	通信端口（串口、USB、RS-232、RS-485）概念、通信协议概念；程序下载流程	（1）下载端口设置；（2）下载线路连接；（3）下载内容选择；（4）下载及下载状态辨识
							05	PLC、触摸屏、变频器联动模拟运行与监控	0.5	模拟运行目的和模拟输入的方法，监控方法	模拟运行并监控
							06E	任务检测	0		
				05	调试	功能验证，参数检测与故障排除	01	功能调试，安全测试	0.5	整定电流设定原则，送电和断电规范，漏电保护试验原理	（1）运行参数设置；（2）操作功能调试；（3）保护功能调试
							02	运行参数检测	0.5	电流监测、电压监测和温度监测意义与方法	（1）运行电流检测；（2）运行电压检测；（3）运行温度检测
							03	模拟故障及排除 1	1	开路性故障判断与检修方法	断路性故障分析与排除
							04	模拟故障及排除 2	1	短路性故障判断与检修方法	短路性故障分析与排除
							05E	任务检测	0		
				06E	项目考核	所有			4	全部	全部

表 5.4（续）

项目编号	项目名称	项目概述	参考课时	任务编号	任务名称	任务概述	节段编号	教学节段	预设课时	包含知识点	包含技能点
DGDQ-15	电机可逆运行（三段速）	学习使用 PLC、触摸屏和变频器控制电机可逆运行（三段速）和保护的原理、电路设计、安装、检测和维修	17～20	01	工作原理	明确实现电机可逆运行（三段速）的控制电路及其工作过程	01	理解项目	0.5	（1）分析给定的项目情景；（2）明确完成的功能；（3）完成功能的典型电路和控制界面	
							02	理出控制思路，绘出控制方框图	0.5	描述控制思路，绘制控制方框图要素与制图	
							03	（1）拟定 PLC 的 I/O 端口；（2）制出 I/O 端口分配表；（3）拟定触摸屏控制界面构件；（4）拟定变频器输入端口	0.5	（1）分配并绘制 PLC 端口分配表；（2）确定触摸触摸屏各界面构件；（3）确定变频器输入端口	
							04	绘制控制电路连接原理图	2	（1）参照电路原理图按自己的端口分配表绘制 PLC、变频器控制三相异步电机可逆运行（三段速）电路连接图；（2）参照电机可逆运行（三段速）界面控制要求按自己所选构件绘出触摸屏各界面示意图	
							05E	任务检测	0		
				02	安装	按国标规范和工艺规范安装电路	01	（1）元器件布局；（2）绘制布局图	0.5	（1）电气元件间距；（2）方向规范	（1）进行元器件布局；（2）绘制布局图
							02	元器件安装	0.5	（1）电气元件稳固；（2）方向规范	按布局图固定元器件

表 5.4（续）

项目编号	项目名称	项目概述	参考课时	任务编号	任务名称	任务概述	节段编号	教学节段	预设课时	包含知识点	包含技能点
DGDQ-15	电机可逆运行（三段速）	学习使用 PLC、触摸屏和变频器控制电机可逆运行（三段速）和保护的原理、电路设计、安装、检测和维修	17～20	02	安装	按国标规范和工艺规范安装电路	03	（1）端子排分配； （2）绘制端子接线图	0.5	端子排分配原则，端子编号规范	（1）分配接线端子的端口； （2）绘制端口接线图
							04E	任务检测	0		
				03	检测	按国标低压电气设备验收规范和工艺规范检查电路的正确性和规范性按国标低压电气设备验收规范和工艺规范检查电路的正确性和规范性	01	目检（工艺检查）	0.5	工艺规范	按线色、走向、牢固性等工艺规范验收安装的电路
							02	万用表连接关系校对	0.5	万用表校对连接正确性方法	按电路原理图逐条校对连接正确性
							03	绝缘检测	0.5	绝缘检测方法及流程	相-相、相-地、零-地绝缘测试，不小于 1MΩ
							04	接地连续性检测	0.5	接地电阻检测方法及流程	所有接地点接地电阻测试，不大于 0.5Ω
							05E	任务检测	0		
				04	编程	编写、下载、设置变频器频率并模拟运行程序	01	设备控制流程图编制	0.5	按项目控制功能要求编制控制顺序流程图	
							02	(1)PLC 程序编写； （2）触摸屏程序编写； （3）变频器运行频率设置	1	（1）PLC 多段速程序结构，变频器多段速设置，程序编制规范； （2）触摸屏与 PLC 程序实时变量设置； （3）触摸屏图形界面、参数变量编制； （4）变频器工作方式及运行频率设置方法	（1）新建、打开、保存程序； （2）指令、控件查询及使用； （3）设定变频器工作方式及控制负载工作频率

表 5.4（续）

项目编号	项目名称	项目概述	参考课时	任务编号	任务名称	任务概述	节段编号	教学节段	预设课时	包含知识点	包含技能点
DGDQ-15	电机可逆运行（三段速）	学习使用 PLC、触摸屏和变频器控制电机可逆运行（三段速）和保护的原理、电路设计、安装、检测和维修	17～20	04	编程	编写、下载、设置变频器频率并模拟运行程序	03	程序编译、下载、排错	1	（1）常见错误； （2）错误寻找； （3）通信端口（串口、USB、RS-232、RS-485）概念、通信协议概念；程序下载流程	（1）编译、理解编译显示； （2）语法错误排错； （3）出错位置定位； （4）排除错误； （5）下载端口设置； （6）下载线路连接； （7）下载内容选择； （8）下载及下载状态辨识
							04	PLC、触摸屏、变频器联动模拟运行与监控	0.5	模拟运行目的和模拟输入的方法，监控方法	模拟运行并监控
							05E	任务检测	0		
				05	调试	功能验证，参数检测与故障排除	01	功能调试，安全测试	0.5	整定电流设定原则，送电和断电规范，漏电保护试验原理	（1）运行参数设置； （2）操作功能调试； （3）保护功能调试
							02	运行参数检测	0.5	电流监测、电压监测和温度监测意义与方法	（1）运行电流检测； （2）运行电压检测； （3）运行温度检测
							03	模拟故障及排除 1	1	开路性故障判断与检修方法	断路性故障分析与排除
							04	模拟故障及排除 2	1	短路性故障判断与检修方法	短路性故障分析与排除
							05E	任务检测	0		
				06E	项目考核	所有			4	全部	全部

五、照明模块项目规划书（见表 5.5）

表 5.5　照明模块项目规划书

项目编号	项目名称	项目概述	参考课时	任务编号	任务名称	任务概述	节段编号	教学节段	预设课时	包含知识点	包含技能点
DGZM-01	照明配电	学习给灯和插座进行电源分配	25～30	01	客户要求与沟通	通过与客户的充分沟通，了解客户需求，拟订设计方案	01	情景创设	0.5	情景创设技巧	
							02	沟通技巧	0.5	（1）语言表达能力； （2）肢体语言； （3）服务意识、共情意识； （4）着装与交际礼仪	
							03	沟通内容	1	（1）客户需求； （2）设计方案； （3）施工方案	
							05E	任务检测	0.5		
				02	电路设计	在与客户充分沟通的基础上设计出配电电路	01	电路工作原理	2	（1）交流电基础知识； （2）电路基础知识； （3）电压、电流、功率等基础知识	
							02	电路设计	2	（1）电路参数确定； （2）材料选用标准； （3）根据实际场景设计配电电路图	
							06E	任务检测	1		
				03	工程造价	根据电路设计及材料参数选取材料并进行工程造价	01	材料清单	1	（1）根据配电电路图拟定材料清单； （2）确定空开等材料参数	
							02	材料选用	1	（1）电商平台选材； （2）实体商店选材	会在实体商店及通过电商平台选取所需材料
							03	造价表	2	（1）电商平台询价； （2）实体商店询价； （3）拟定造价表	
							05E	任务检测	1		

表 5.5（续）

项目编号	项目名称	项目概述	参考课时	任务编号	任务名称	任务概述	节段编号	教学节段	预设课时	包含知识点	包含技能点
DGZM-01	照明配电	学习给灯和插座进行电源分配	25～30	04	施工	设计施工图并根据工艺标准进行施工	01	施工图设计	2	根据配电电路图、耗材选用清单、应用场景设计施工图	施工绘图软件的应用
							02	施工	4	（1）施工图识读； （2）施工工艺标准	施工安装技能
							03E	任务检测	2		
				05	验收	根据验收标准对工艺、功能进行验收	01	工艺验收	1	（1）工艺验收清单设计； （2）工艺验收标准； （3）工艺验收方法	
							02	功能验收	1	（1）功能验收清单设计； （2）功能验收标准； （3）功能验收方法	万用表、接地电阻测试仪等专业工具的使用技能
							03E	任务检测	1		
				06	撰写说明书	根据使用和注意事项撰写说明书	01	说明书的认识	1	撰写说明书应包含的要点及注意事项	
							02	说明书的撰写	1	（1）使用方法； （2）使用中的注意事项； （3）常见故障的处理办法	
							03E	任务考核	1		
				07E	考核	所有			2	全部	全部

表 5.5（续）

项目编号	项目名称	项目概述	参考课时	任务编号	任务名称	任务概述	节段编号	教学节段	预设课时	包含知识点	包含技能点
DGZM-02	单灯单控+普通插座	学习单灯双控加普通插座典型照明电路的设计、安装、调试、验收及撰写说明书	25～30	01	客户要求与沟通	通过与客户的充分沟通，了解客户需求，拟订设计方案	01	情景创设	0.5	情景创设技巧	
							02	沟通技巧	0.5	（1）语言表达能力； （2）肢体语言； （3）服务意识、共情意识； （4）着装与交际礼仪	
							03	沟通内容	1	（1）客户需求； （2）设计方案； （3）施工方案	
							05E	任务检测	0.5		
				02	电路设计	在与客户充分沟通的基础上设计出电路	01	电路工作原理	2	（1）交流电基础知识； （2）电路基础知识； （3）电压、电流、功率等基础知识	
							02	电路设计	2	（1）电路参数确定； （2）材料选用标准； （3）根据实际场景设计照明平面图	
							06E	任务检测	1		
				03	工程造价	根据电路设计及材料参数选取材料并进行工程造价	01	材料清单	1	（1）根据照明平面图拟定材料清单； （2）确定材料参数	
							02	材料选用	1	（1）电商平台选材； （2）实体商店选材	会在实体商店及通过电商平台选取所需材料
							03	造价表	2	（1）电商平台询价； （2）实体商店询价； （3）拟定造价表	
							05E	任务检测	1		

表 5.5（续）

项目编号	项目名称	项目概述	参考课时	任务编号	任务名称	任务概述	节段编号	教学节段	预设课时	包含知识点	包含技能点
DGZM-02	单灯单控+普通插座	学习单灯双控加普通插座典型照明电路的设计、安装、调试、验收及撰写说明书	25～30	04	施工	设计施工图并根据工艺标准进行施工	01	施工图设计	2	根据照明平面图、耗材选用清单按工艺要求设计施工流程和方法	施工绘图软件的应用
							02	施工	4	（1）施工图识读； （2）施工工艺标准	施工安装技能
							03E	任务检测	2		
				05	验收	根据验收标准对工艺、功能进行验收	01	工艺验收	1	（1）工艺验收清单设计； （2）工艺验收标准； （3）工艺验收方法	
							02	功能验收	1	（1）功能验收清单设计； （2）功能验收标准； （3）功能验收方法	万用表、接地电阻测试仪等专业工具的使用技能
							03E	任务检测	1		
				06	撰写说明书	根据使用和注意事项撰写说明书	01	说明书的认识	1	撰写说明书应包含的要点及注意事项	
							02	说明书的撰写	1	（1）使用方法； （2）使用中的注意事项； （3）常见故障的处理办法	
							03E	任务考核	1		
				07E	考核	所有			2	全部	全部

表 5.5（续）

项目编号	项目名称	项目概述	参考课时	任务编号	任务名称	任务概述	节段编号	教学节段	预设课时	包含知识点	包含技能点
DGZM-03	单灯双控+空调插座	学习单灯双控加空调插座典型照明电路的设计、安装、调试、验收及撰写说明书	25～30	01	客户要求与沟通	通过与客户的充分沟通，了解客户需求，拟订设计方案	01	情景创设	0.5	情景创设技巧	
							02	沟通技巧	0.5	（1）语言表达能力； （2）肢体语言； （3）服务意识、共情意识； （4）着装与交际礼仪	
							03	沟通内容	1	（1）客户需求； （2）设计方案； （3）施工方案	
							05E	任务检测	0.5		
				02	电路设计	在与客户充分沟通的基础上设计出电路	01	电路工作原理	2	（1）交流电基础知识； （2）电路基础知识； （3）电压、电流、功率等基础知识	
							02	电路设计	2	（1）电路参数确定； （2）材料选用标准； （3）根据实际场景设计照明平面图	
							06E	任务检测	1		
				03	工程造价	根据电路设计及材料参数选取材料并进行工程造价	01	材料清单	1	（1）根据照明平面图拟定材料清单； （2）确定材料参数	
							02	材料选用	1	（1）电商平台选材； （2）实体商店选材	会在实体商店及通过电商平台选取所需材料
							03	造价表	2	（1）电商平台询价； （2）实体商店询价； （3）拟定造价表	
							05E	任务检测	1		

表 5.5（续）

项目编号	项目名称	项目概述	参考课时	任务编号	任务名称	任务概述	节段编号	教学节段	预设课时	包含知识点	包含技能点
DGZM-03	单灯双控+空调插座	学习单灯双控加空调插座典型照明电路的设计、安装、调试、验收及撰写说明书	25～30	04	施工	设计施工图并根据工艺标准进行施工	01	施工图设计	2	根据照明平面图、耗材选用清单，应用场景设计施工步骤和方法	施工绘图软件的应用
							02	施工	4	（1）施工图识读； （2）施工工艺标准 （3）安装任务	施工安装技能
							03E	任务检测	2		
				05	验收	根据验收标准对工艺、功能进行验收	01	工艺验收	1	（1）工艺验收清单设计； （2）工艺验收标准； （3）工艺验收方法	
							02	功能验收	1	（1）功能验收清单设计； （2）功能验收标准； （3）功能验收方法	万用表、接地电阻测试仪等专业工具的使用技能
							03E	任务检测	1		
				06	撰写说明书	根据使用和注意事项撰写说明书	01	说明书的认识	1	撰写说明书应包含的要点及注意事项	
							02	说明书的撰写	1	（1）使用方法； （2）使用中的注意事项； （3）常见故障的处理办法	
							03E	任务考核	1		
				07E	考核	所有			2	全部	全部